科创新方略

中国新型研发机构的
实践探索与发展评价

朱世强　孙韶阳　金　铭 / 著

中国科学技术出版社

·北　京·

图书在版编目（CIP）数据

科创新方略：中国新型研发机构的实践探索与发展评价 / 朱世强，孙韶阳，金铭著. —北京：中国科学技术出版社，2022.12

ISBN 978-7-5046-9729-5

Ⅰ. ①科… Ⅱ. ①朱… ②孙… ③金… Ⅲ. ①科学研究组织机构—研究—中国 Ⅳ. ① G322.2

中国版本图书馆 CIP 数据核字（2022）第 134174 号

策划编辑	申永刚　王碧玉
责任编辑	申永刚
封面设计	马筱琨
版式设计	锋尚设计
责任校对	焦　宁　吕传新
责任印制	李晓霖

出　　版	中国科学技术出版社
发　　行	中国科学技术出版社有限公司发行部
地　　址	北京市海淀区中关村南大街 16 号
邮　　编	100081
发行电话	010-62173865
传　　真	010-62173081
网　　址	http://www.cspbooks.com.cn

开　　本	710mm×1000mm　1/16
字　　数	241 千字
印　　张	19.5
版　　次	2022 年 12 月第 1 版
印　　次	2022 年 12 月第 1 次印刷
印　　刷	北京盛通印刷股份有限公司
书　　号	ISBN 978-7-5046-9729-5 / G・966
定　　价	99.00 元

（凡购买本社图书，如有缺页、倒页、脱页者，本社发行部负责调换）

遵循规律，适应变化，
以机制创新推动科技创新

近年来，新型研发机构如雨后春笋。社会各界对此类机构抱有不同认知、不同期待、不同评述。大体上，人们主要关心这样一些问题：为什么要成立这么多新型研发机构？这些机构到底新在何处？新机构如何发展形成新的发展模式？这些机构的发展模式实际成效如何？要回答这些问题，还需要更长的时间。但是边实践、边探索、边讨论、边完善应该有助于更多人共同努力，更好地推进我国科技创新。基于此，我们从自身的实践中，分析、总结完成了这本书的写作。我结合自己从三人起步直至带领之江实验室全体员工近五年艰难创业的体会，谈三个方面的问题并以此作为序。

一是科研机构肩负的社会责任。从历史发展来看，人类社会的每一次重大变革，背后几乎都有科技作为支撑。从原始社会到农业社会，从农业社会到工业社会，从工业社会到信息社会，再到未来智能社会，无一不是技术和生产力推动的结果。如今，有一个趋势更加明显，那就是技术进步与社会发展的耦合度越来越高，时效性也越来越强。由于现代科技的方向和领域几乎已经到了广无边际的程度，任何方向的重大突破都可能对社会产生变革性影响，甚至影响人类发展的走向。而科技创新往往又带有很强的偶然性，因此从逻辑上说，科技发展引发人类未来发展的方向就有了很多不确定性。这也是很多人从哲学角度对科技创新保持警惕的原因。从这个层面看，科技创新的主体——无论是高校还是科研院所，都承担着十分重要的哲学、道义方面的责任。这份责任对从事网络、人工智能、生命科学等领域的研究机构而言就更重一些，因为这些领域的技术创新与社会关联度高、耦合度强。正因如此，科研机构，特别是高能级的科研机构在任何时候都要把对人类、对国家、对社会的责任放在至高无上的位置。

二是科技发展规律和科研范式的变化。很多时候，我们习惯把科学与技术合体，称为科技。要看清科技发展规律，需要把科技分解为科学和技术两个概念。科学在于"格物致知"，发现、认识、理解并解释事物运行发展的内生规律；技术则是利用科学原理或人类经验解决生产、生活问题的能力和方法。广义上，技术也是科学的构成，是科学更接近物质的部分。狭义上，两者之间仍然有一定的联系，但科学和技术具有不同特质，而且科学发现和技术创新有着很不一样的规律。如何看清楚这两者之间的不同，与每个科研机构的自身定位和职责目标以及所要采取的机制做法密切相关。科学与技术是一种相互支撑、互动发展的关系，通常来说，技术一定是基于科学原理的，而科学发现又往往依赖于技术方法和工程能力支持，特别是现代科技的发展，工程和装备支撑几乎已经成为必不可少的前提。从这个角度看，科学与技术之间的关系，极像"鸡与蛋"的关系。

现代科技的发展，有四个趋势是显著的，需要很好地把握：第一，科技发展呈现一定高潮-低谷的周期性，周期的长短并不完全一致。21世纪以来，科技发展进入了一个新的活跃期，预计这个周期也许会持续一个世纪以上；第二，交叉领域成为科技重大突破的热点，这一现象从20世纪中叶就已经开始，至今仍在持续且有不断增强的趋势；第三，科技创新与经济社会发展的耦合度在明显增强，特别是随着互联网技术出现之后，技术转化为应用的链路明显变得更短，推广的便捷程度与以往相比更是不可同日而语，技术影响社会的程度从来没有像今天这么强，这就需要科研机构更多地去思考和寻找更加有益的科研活动；第四，随着数字技术和计算科学的持续发展，科研的范式发生了重大变化，数字计算和高性能仿真成为重要的科研手段，这就需要科研团队的构建更多元化，科研机构的条件建设需要更多地考虑数字能力。

对一个新型研发机构而言，定位明确，目标才能明确，路径也才能更加合理。科研机构的主要定位是基础研究还是技术开发，或是综合业务开展，其目标的规划周期、评价方法、社会期待以及投入保障的机制都会有所不同。

三是科研的组织模式和体制机制问题。科学研究没有恒定的模式，但宏观上却有共性的规律。上面所说的这些新的变化趋势对传统科研机构形成重大挑战，因为我们的科研方式方法和组织模式也需要与新的规律相适应。另外，为适应新规律，我们对科研机构创新质效的评估方法、对科研人员的使用和考核评价机制、激励机制都要有新的思维和新的举措。

不同于传统科研机构，新型研发机构是国家创新体系优化调整下的时代产物，紧密对接国家的科技创新需求，具有生长快、体制活、链路广等先天优势。历经二十余年的实践摸索，新型研发机构已在集聚创新要素，促进全链深度融合等方面取得傲人成绩。但任何创新的收益和风险都是相对的，建设和发展新型研发机构也不是一片坦途，会面临诸多挑战。未来要实现新型研发机构从科技创新生力军到主力军的进阶转型，需要从以下三个方面持续发力。

第一，把握好科学与技术的动态演化关系，需要跨越基础研究与应用研究的"魔鬼之河"、应用研究与商业化的"死亡之谷"、产品化与商业化的"达尔文之海"。新型研发机构自诞生起便肩负着助力国家实现科技自立自强的使命担当，需要克服科学与技术相脱节的困难和障碍。这意味着任何机构不应局限在从事单一链路的科学研究或技术服务工作，只有加强与相邻链路环节的创新合作才能更好地掌握科学和技术的发展规律，从而取得重大科技创新突破。

第二，更加明确以功能定位为中心的发展路线，在某些环节和专业领域塑造长板优势。尽管科技部印发的《关于促进新型研发机构发展的指导意见》（国科发政〔2019〕313号）已将新型研发机构的功能定位为科学研究、技术创新和研发服务，但现实中众多速成的新型研发机构往往缺乏系统的战略规划，也未厘清自身的创新动力机制，相比于长远发展反而追逐短期利好，导致功能定位泛化，难以形成可持续的核心竞争力。因此，在新型研发机构总体布局中有序做好顶层设计是更好地释放其创新效能的前置步骤。

第三，保护新型研发机构开展创新活动的边界和权限，做到既规范有序又充满活力。新型研发机构的投资主体多元化、管理制度现代化、运行机制市场化、用人机制灵活化一直被视作打破传统体制机制"禁锢"的重要抓手。从既有实践来看，这些体制机制创新是否真正落地尚有疑问。事实上，囿于各项管理评价办法的缺失，"四不像"的新型研发机构既有"新"的光环，又有"新"的尴尬。在科研管理、人才"引育用留"、组织运行等方面的创新探索依然难以纳入现行管理框架，不少机构甚至存在"新瓶装旧酒"之嫌。如果创新的权限得不到保护，那么创新与逾矩就在毫厘之间。明晰体制机制创新的边界和权限，这对于未来新型研发机构的良性有序发展至关重要。

新型研发机构是国家深入实施创新驱动发展战略，优化国家创新体系的重要探索。任何一个新生事物在发展过程中一定会遇到各种各样的问题，保持战略定力才能站得稳、立得住、走得远。

之江实验室始终坚持以体制机制创新推动科技创新的发展思路，四年多来深耕新型研发机构发展战略和体制机制创新研究，也在先行先试中积累了丰富的实践经验。以本书为引，希望我们对新型研发机构的一些观察和审思能够为同行共享，也希望得到同行更多指点，共同推进国家战略科技力量的建设。

朱世强

之江实验室主任

第一篇

万木争春
创新浪潮中的新型研发机构

第二篇

上下求索
新型研发机构的创新实践

第三篇

玉尺量才
新型研发机构的绩效评价

第四篇

如日方升

新型研发机构的未来展望

万木争春

创新浪潮中的新型研发机构

第一章

何以而生
嵌入国家创新体系演变历程

以信息技术和数字技术为代表的新一轮技术革命，引发了知识产生和流动方式的深刻变化，推动了国家创新体系的新一轮更迭。国家创新体系的演进发展往往伴随着创新网络中多元科技创新主体的兴衰交替和万类竞逐。创建具有未来竞争力的国家创新体系需要创新主体及其功能的更新。在新的国家创新体系酝酿发展之际，新型研发机构采众长而创生，嵌入国家创新体系和区域创新体系，成为提升科技创新效率和突破关键核心技术的重要力量。

第一节　多元视野下的国家创新体系

一、国家创新体系研究的理论视角

国家创新体系（National Innovation System，NIS）也称"国家创新系统"。广义上，国家创新体系包含创新活动的方方面面，但研究中通常将"国家创新体系"定位于科技创新，并囊括影响科技创新的各个方面，因而部分学者将"国家创新体系"表述为"国家科技创新体系"。自1987年经济学家克里斯托夫·弗里曼（Christopher Freeman）根据日本发展产业的经验提出国家创新体系概念以来，学界对国家创新体系展开了深入研究并形成了丰富的理论成果。但由于对"创新"及"创新体系"概念的理解存在争议，迄今为止学界对国家创新体系的概念尚未形成定论。随着国家创新体系理论的日渐发展和成熟，各类视角逐渐丰富。常见的理解视角包括：

主体联系视角，着眼于创新相关行为主体的互动关联。如弗里曼（Freeman，1987）提出国家创新体系是公共和私营部门的机构网络，其活动和互动使得新技术启动、导入、修改和传播；经济合作与发展组织（OECD，1997）认为国家创新系统是由公共部门和私营部门的各种机构组成的网络；路甬祥（1998）认为国家创新体系是由科研机构、大学、企业以及政府等组成的网络；中国科学院"国家创新体系"课题组（1998）提出，国家创新体系是由与知识创新和技术创新相关的机构和组织构成的网络系统。主体联系视角是国家创新体系理论发展早期的主要视角和观点，因而早期的国家创新体系均为创新行为主体组成的基本框架。在这一视角下，经济合作与发展组织构建了以知识流动为核心，包含大学科研机构、企业、中介部门和政府部门等行为主体的国家创新体系架构（见图1-1）。

要素互动视角，着眼于国家创新体系各要素间的互动反馈，认为创新来源和绩效关键在于要素相互间的复杂作用及其结果。如伦德瓦尔（Lundvall，1992）认为国家创新体系是在产生、扩散和利用新知识（经济意义上有用的知识）的过程中的要素及其相互联系。这一视角蕴含了复杂系统和生态系统思想，因此还有学者如褚建勋（2018）在此基础上

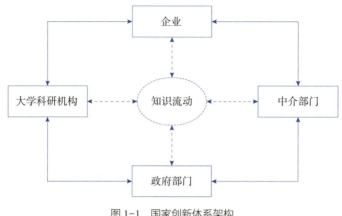

图 1-1 国家创新体系架构

提出了国家创新生态系统等。

　　知识增长视角，着眼于创新的本质即知识的创造、应用和重组循环，这一视角下国家创新体系是熊彼特的创新理论在国家创新体系的延伸，国家通过组织制度和调整联系，从而产生、扩散和应用科技知识，科技知识在一国内部的循环流转决定了经济发展和国家竞争力。如埃德奎斯特（Edquist，1997）认为国家创新体系是国家为了产生、扩散和应用科技知识制定的一系列组织制度和系统。

　　结构功能视角，着眼于"系统"本身所具备的特性，即认为国家创新体系包含各类子系统。如钟荣丙（2008）认为国家创新体系是一个巨系统，由知识生产系统、技术创新系统、政策支撑系统、知识产权保护系统、科技中介服务系统、创新文化环境系统构成。

　　制度设计视角，着眼于适应技术经济范式要求的制度设计，认为国家创新体系是一个国家为促进技术创新而设定或调整的一组制度或机构，提高国家创新系统运行效率的关键在于改进或调整制度设计和机构。如王春法（2003）认为国家创新体系就是一种有关科学技术融入经济增长过程之中的制度安排。武一丹（2019）提出国家创新体系是科技体制改革发展到相对成熟阶段的国家战略层面的目标性概念。

此外还包括文化视角，如尼尔森（Nelson，2012）认为，各国创新主体间基于共同语言和文化产生天然的接近，从而形成了国家共同体。

在各类视角下，国家创新体系的基本框架及其对象也趋于复杂。尽管学者对国家创新体系的理解视角多元、各有侧重，但各类观点并非完全割裂，而是体现了对国家创新体系理解的日益深化。总体上，各类视角呈现出一些共识：第一，国家创新体系包含了各类创新行为主体的关联和互动；第二，各类互动的目的在于实现知识的产生与应用，而知识的产生与应用最重要的表现形式和结果之一是实现技术创新；第三，要素互动及相关制度设计对创新绩效具有实质影响。国家创新体系作为一个系统，不仅关注创新本身，更关注创新活动主体及各类关联要素之间的关系。

通常，分析国家创新体系的方法有两种：一是从演化的视角分析不同时期各个国家的创新主体、制度和功能运作，这种方法主要从定性角度进行分析；二是从各国的独特性中建立系统性的量化指标并开展国家间的比较分析，这种方法常用定量的分析方法。从广义上，国家创新体系包含创新发展的各个方面；从狭义上，国家创新体系聚焦技术创新，其影响因素也包含了多个维度和层面的复杂内容。

鉴于国家创新体系本身的复杂性，并着眼于本书的研究对象，本书主要采纳主体联系视角，即聚焦于国家创新体系中的创新活动行为主体及其互动，包括对国家创新体系进行主动塑造的管理者和政策制定者。一般认为政府以及创新政策在支持创新方面起到了核心作用，因此政府机构是其中的典型代表，此外还包括在国家创新体系中参与创新活动的各类行为主体。

二、国家创新体系中创新行为主体的协同互动

长期以来，国家创新体系中的创新行为主体基本框架是由"政产学研"（即政府、企业、高校和研究机构这四类行为主体）构成，这四类行为主体在创新过程中分别具有不同的优势，也由此在国家创新体系中分别扮演着不同角色、发挥着不同作用。总体上，大学、科研院所及企业等创新主体分别在基础研究、技术创新和工程应用等领域具有各自优势和资源缺口。对于创新活动中创新行为主体间的互动，学界基于三螺旋理论、产学研理论、协同创新理论、行动者网络理论、创新集群理论等对各类主体的互动关系进行了大量研究，纳入研究的创新行为主体从三元、四元再到六元等，不断扩展，这些研究的核心主要在于创新体系网络中的创新主体作用发挥及相互关联和作用产生，以寻找一个能够实现创新高效能发展或创新效率优化的良性互动形式。创新行为主体及其互动网络是一对互相作用的关系，围绕这对互相作用关系，理论研究和具体实践形成了促进科技创新的两条主要优化路径：一是创新行为主体自身的优化，包括创新行为主体的创设、拆解、重组和整合等；二是互动关系的深化推进，其核心在于调整互动关系中的利益分配以寻求创新互动的最优解。

（一）创新行为主体优化

创新需要多方持续投入参与，其过程常伴随着新型组织的兴起和旧有组织模式的衰落，而这种兴衰的动力则来源于技术创新过程对于社会生产力的推动与创新行为主体期望之间的落差。创新过程中每一类行为主体都有其半衰期，在一定时期这一创新行为主体兴起并实现其基本功能后，当生产力发生变化，为适应新的技术创新演化并保持自身的良性

发展，各类创新主体尤其是政产学研四类主要创新行为主体，会对自身功能及组织状态进行相应的优化调整，同时还会析出或创造更小单元但也更为灵活的组织以强化适应力。这类为适应一定生产力发展水平和生产关系调整而新形成的组织在不同时期和不同区域被赋予了不同的名称，但一般都天然地具有其发起主体所赋予的各类资源禀赋，并在新一轮的技术演进中提高技术要素的供给，如近年来在我国常被称为"新型研发机构"或"跨边界组织机构"的新兴创新行为主体就是其中的典型。

（二）互动关系及利益分配

在创新行为主体优化的同时，其互动关系及利益分配也随之调整，从而使国家创新体系中的动态网络也更加繁密。在创新活动中，制度政策既是其中的要素，也是对创新主体和科技资源实施调整优化的外在作用力。克里斯蒂娜（Cristina，2019）认为，在国家创新体系中，"政府需要切断使用者和生产者之间的旧联系并建立新联系，以及培养技术的生产者和使用者的新能力以进行干预"。在政产学研四类主要创新行为主体中，虽然政府并不直接参与创新活动，但能够对其他创新行为主体及其互动产生重要影响，其影响主要通过制度政策的干预实现，如近年来我国各省（区、市）通过政策试点推行的职务发明成果权属激励等。

三、先进国家创新体系特征

国家创新体系具有一定边界，基于不同的政治、经济和文化背景，各国的国家创新体系呈现出不同的形态和特征，这种差异又在一定程度上取决于并反过来塑造了各行动主体在各国及不同产业中交互的形式及作用程度的差异。由此，各国国家创新体系中的创新行为主体、互动关系及政策对其形态和特征的干预也呈现出不同的特征。以全球创新指数①为依据，本书根据近5年全球创新指数排名，在领先中国的国家中选取美国、英国、德国、法国研究其国家创新体系。上述欧美各国的国家创新体系中着重研究以下内容：一是主要创新行为主体及其互动，包括决策、管理及行动主体；二是影响不同创新行为主体绩效表现的关键要素和制度设计，从而呈现各国国家创新体系的结构和基本形态。总体上，在一个较长时期内，国家创新体系因长期发展的历史积淀而相对稳定，但有时也会因为体系内的一些重要组成改变而发生基本形态和发展的变化，因此，这些先进国家的创新体系也有着不同的变化。

（一）美国

第二次世界大战后的数十年间，美国实现了全球技术引领，其国家创新体系也在全球被广泛学习，迄今为止美国的国家创新体系仍是世界的先进示范。在美国的创新体系中的创新行为主体中：

决策层主体包括司法机关，总统行政办公室（包括总统科技顾问及白宫科技政策办公室、总统科技咨询委员会、国家科学技术委员会），管理与预算办公室，国会，众议院科学委员会，参议院和参议院拨款委员会，国会研究处，国会预算办公室，政府问责办公室。管理层主体包括国防部、卫生与公众服务部、航空航天局、能源部、国家科学基金会及其他部门等。

执行层主体负责实施创新活动，主要包括联邦研究机构、大学、企业研发机构及非营利科研机构。执行层主体包括：①联邦研究机构。作

---

① 该指数采用体制、人力资本与研究、基础研究、市场成熟度、商业成熟度、知识和技术产出、创造性产出等指标，评估国家或经济体的创新能力和相关政策表现，能够较好地体现各国知识流动和创新发展情况。详见全球创新指数官方网站。

为政府直接管理的研究机构，主要从事重要技术的应用研究和少量基础研究，如美国国立卫生研究院（NIH）和美国国家标准与技术研究院（NIST）等；政府出资并委托大学、企业或非营利机构以合同方式管理的研究机构，如41家联邦资助研发中心（FFRDCs），主要从事国家战略需求领域的研究；国家实验室，根据美国国家战略目标和导向建立，在管理类型上既有政府直接管理的实验室，也有委托大学或其他组织管理的实验室，在美国国家创新体系中发挥核心作用，典型代表如劳伦斯伯克利国家实验室、林肯实验室、阿贡国家实验室、洛斯阿拉莫斯国家实验室、橡树岭国家实验室等。②企业研发机构。一些美国企业具有高度的创新活力和研究开发实力，除了自主成立工业研究实验室开发技术，一些大公司同时也与大学、其他企业和国家实验室等组成联合体开发新技术和产品。典型的企业研发机构包括苹果、波音、微软、杜邦、甲骨文、思科等公司的研发中心。在制度体系方面，美国支持军民融合、技术转移和促进中小企业发展的制度体系赋予了美国企业肥沃的制度土壤。相关法案包括《拜杜法案》《史蒂文森–怀德勒技术创新法》《联邦技术转移法》《小企业创新发展法》等。在企业的科技同盟中，技术转移办公室发挥了极其重要的作用。③大学。美国拥有全球数量最多、水平最高的研究型大学和私立大学，目前美国各类高等院校有3600多所[①]。在美国，大学被认为更适合基础性研究。美国国防部、能源部、国立卫生研究院、国家科学基金会（NSF）等众多机构为高校研究提供了支持。美国国家创新体系聚焦于科学系统的创新，持续大规模地增加研究型大学的经费。④其他研发机构。包括为应对全球产业竞争而推出的新型研

---

① 详见中华人民共和国教育部教育涉外监管信息网官方网站。

发机构，如奥巴马执政时期推出美国国家制造创新网络计划（NNMI）并建立的"美国制造"（America Makes）等。

随着全球其他国家的技术发展，近年来一些研究认为美国国家创新体系趋于恶化或亟须优化转型，并提出了加强对商业创新的支持，建立具有特殊目的、非营利性的工业技术研究所，鼓励以创新为基础的竞争力培育以及相关技术的商业化和生产等建议。

（二）英国

1993年，英国将科技创新提升至国家战略高度，随着国家创新战略的不断推进，英国的国家创新体系不断演进完善。英国国家创新体系中的决策层包括首相、内阁及内阁中的商业能源与工业战略部等科技相关部门。

管理层包括商业能源与工业战略部所属的知识产权办公室、航天局和气象局，以及公开机构的研究与创新署、政府科技办公室。2021年，英国政府发布《英国创新战略：创造引领未来》报告以应对脱欧、新冠肺炎疫情、新工业革命和全球竞争等综合挑战，并借鉴美国国防部高级研究计划局（DARPA）创建了英国高级研究与发明局（ARIA），以实现高效灵活的管理方式。稳定性科研资助由高等教育拨款机构①分配，竞争性的经费则通过英国创新署管辖的七大研究理事会②分配，英国七大研究理事会通过资助管理促进各自领域的科技发展、人才培养和技术应用。

---

① 包括英格兰高等教育拨款委员会、威尔士高等教育拨款委员会、苏格兰拨款委员会和北爱尔兰经济部。
② 包括艺术与人文科学研究理事会、生物技术与生物科学研究理事会、工程与自然科学研究理事会、经济与社会科学研究理事会、医学研究理事会、自然环境研究理事会、科学与技术设施理事会。

执行层包括高等教育机构、政府科研机构和企业等。2015年，英国对研究资助体系、大学与企业研发合作等开展评估，并于2017年至2018年调整了科技创新体制。①高等学校。英国的高等教育水平一流，目前有150余所院校获准授予各种不同类型的学位[①]。其中牛津大学、剑桥大学常居全球高校前列。②政府科研机构。英国的公立科研机构包括两类，一类是科技相关政府部门所属的40多个研究机构，如国家物理实验室、国家核实验室。另一类是七大理事会管理的研究机构，如卢瑟福阿普尔顿实验室。③技术创新中心。英国目前共有11家针对特定新兴技术领域开展研发创新的"弹射中心"（Catapult Centres）。④企业研发部门等。

（三）德国

德国的国家创新体系深受洪堡产学研结合的教育理念影响。第二次世界大战后，德国在废墟中重建了科技创新体系，马克斯·普朗克科学促进协会等一系列科学中心逐渐建成，德国开始形成结构完整、分工明确的国家创新体系。其国家创新体系主要包括：

决策层包括立法、规划与投资、管理与监督三个层级的政府机构。立法机构包括联邦议院和联邦参议院组成的联邦议会和16个联邦州议院。规划与投资由联邦政府及16个联邦州政府共同负责，1972年起德国确定了联邦政府与联邦州政府按照固定比例分摊大科研中心的财政支持费用。管理与监督机构包括联邦政府及州政府下设的科学、技术、经济及教育相关的部门。德国国家创新体系的持续性创新战略和系统性的创新政策体系由政府推动出台实施，包括德国2020高科技战略、德国工业

---

① 详见中华人民共和国教育部教育涉外监管信息网官方网站。

4.0战略计划实施建议等。

创新活动执行层主要包括高等学校、科研组织、中介机构及企业研究机构。①高等学校。德国境内目前受中国教育部认可的各类高校共有320所[①]，包括综合性大学、高等专业学院、高等师范学院、音乐艺术学院等，其中2019年至2026年被确定为"精英大学"的共11所（含1个大学联盟）[②]。②科研组织。德国共有1000多所由公共资金资助的研究机构，包括联邦、州和地方政府拥有的机构及公共资助的非营利性机构。其中，亥姆霍兹联合会、弗劳恩霍夫应用促进研究协会、马克斯·普朗克科学促进协会、莱布尼茨学会是德国四大科学联合会，据德国联邦统计局初步计算，2019年德国四大科研机构的研发支出共计111亿欧元，占当年德国研发支出的10.11%。③技术中介机构。德国的中介机构在推动德国形成具有全球重要影响的技术和知识转移网络方面具有不可忽视的作用，如史太白技术转移中心为全球科技成果的转化孵化与运营提供了成熟的运营范例。④企业研发部门。如博世、西门子、拜耳等公司在中国和印度等国建立研发中心。

（四）法国

法国国家创新体系具有鲜明的政府主导特色。围绕创新活动的全周期，法国形成了多层级的国家创新行为主体。

决策层除了议会、总理外，其他主体实施大部制改革，包括经济、工业与数字部，高等教育、研究与创新部，投资总署，大区和欧洲研究区。咨询层包括科技最高理事会、研究与技术高等理事会。资助层包括

---

① 详见中华人民共和国教育部教育涉外监管信息网官方网站。
② 数据来自德国科学理事会（WR）和德国科学基金会（DFG）发起的卓越计划的官方网站。

国家科研署、公共投资银行、基金会及其他机构。评估层保留了国家评估委员会（CNE）及研究与高等教育评估高级委员会（HCERES），其中前者负责法国科研中心研究单元、项目及人员的评价工作。

执行层包括科研机构、高等教育机构、竞争集群中的创新企业及其他主体。①科研机构。第二次世界大战中后期建立的以自由探索为导向的"科技类"和以应用研究和产业化发展为导向的"工贸类"二元科研体系下的若干国际一流的大型公立科研机构①，科研机构内设若干国家研究所，并通过立法确立了以公立科研机构为核心的国家协同创新机制。同时，法国政府牵头依托公立科研机构在国家层面组建若干领域的创新联盟或虚拟研究组织②，联盟成员单位包括主管部委、科研机构、高校、企业等。法国政府的这些举动强化了公立科研机构在重大战略科技领域全创新链中的主导作用。法国以立法形式③确立了科研人员可以享受与国家公职人员同等社会地位和待遇福利的制度，科研人员可以根据研究兴趣和科研任务所需在不同机构之间自由流动，而不再受制于不同机构在个人薪资待遇等方面的差异。2013年，法国政府出台《高等教育与研究指导法案》，允许公立科研机构科研人员联合高校教职人员组建混合研究单位（UMR），公立科研机构和高等院校可逐年扩编吸纳技术型和研究型人才。②高等教育机构。包括公立综合大学、私立高等商学院、精英学校。③"融合"研究所。为抢占新一轮科技革命和产业变

---

① 包括法国国家科学研究中心（CNRS）、法国原子能和替代能源委员会（CEA）、国家空间研究中心（CNES）、国家通信研究中心（CNET）、国家信息与自动化研究院（INRIA）、海洋开发研究院（IFREMER）、国家农业科学院（INRA）、石油研究院（IFP）等。
② 包括生命科学与健康研究联盟、国家能源研究协调联盟、数字科技研发联盟、环境研发联盟和人文科学联盟。
③ 1982年颁布实施的《科研与技术发展导向与规划法》和1985年出台的《科学技术振兴法》。

革制高点，法国政府制定41个优先研究领域并开展绩效评价，通过政府认证标签的形式形成非新设实体形式的"融合"研究所，推进前沿领域的交叉研究。通过组建国防创新署开展优先领域资助。对于关乎国家重大利益的基础研究成果以联合资助形式加速转化。

在先进的国家创新体系中，创新行为主体随着国家创新体系不断发展呈现一定的变化，即部分管理和决策主体被重构或改造，与此同时围绕创新过程的执行主体不断增加。有学者认为，美国、德国等国家能够成为全球技术、竞争力和收入水平等方面领跑者的根本原因在于，这些国家的私营企业引入了研发实验室，实现了公共知识基础设施与企业之间的合作对接。通过制度变革，各国对创新行为主体及其连接实施干预以实现创新目标和系统优化。

与此同时，在西方国家创新体系理论框架下分析国家创新体系时，我们也应重新审视这一概念。人工智能、大数据等现代高新技术的广泛应用，实际上已经无形中改变国家创新体系中最关键的因素，即知识的流动方式。知识已经不仅通过人类和组织间的互动以实现生产和创造，知识可以是机器驱动的、数据驱动的，甚至可以是自驱动的。这也迫使从事具体科技创新活动的个体和组织通过创新优化自身组织运行方式等强化对知识的吸收、利用和再创造。这意味着国家的创新发展也面临着全新的发展课题。

第二节 我国国家创新体系的建构

一、我国国家创新体系的建构历程

通常而言，科技政策是各国政府配置创新资源、调节知识技术流动的主要手段。我国国家创新体系的设计及其发展与国家层面的重要科技部署高度相关，科技政策在国家创新体系中往往起着基本表征和主要着力点的作用。因此，可以从我国科技规划及政策设计中审视我国的国家创新发展体系。

（一）建设背景

中华人民共和国成立后，中国逐步建立起了相对完整和独立的创新体系。1985年以前，中国的创新体系中政府资助的科研机构包括中国科学院系统及各省（区、市）建立的研究机构。其中，中国科学院的经费投入和研究产出具有突出代表性，在中国的科研机构体系中具有极为关键的作用。这一时期的重大科技成果产出主要依靠国家层面有计划地组织和应用。在发展资源极其有限的条件下，通过集中资源创建一批"领头羊"式的国家科学研究机构，对于建立独立自主的科技体系是正确且必要的。

然而，这一高度集中的计划经济体制虽然为国防科技的快速发展提供了强大助力，但难以释放企业创新活力或适应市场及社会发展需求，且工业创新效率低、技术内向封闭、研发投入水平落后等问题较为突出。总体上，这一时期中国的科技活动和创新体系已逐步形成，但并未以"国家创新体系"进行概述或表征。20世纪80年代，发达国家科技进步对经济增长贡献率超过其他生产要素贡献率的总和。在面临全球竞争压力的同时，随着经济社会发展，"科学技术是第一生产力"的关键论断也成为国内广泛共识，知识创造和知识应用的价值被充分认可。这一时期，国防工业应用开始向民用领域转移，大量地方研究机构和企业研究发展机构涌现。20世纪90年代，国家创新体系理论传入中国。1997年，在知识经济占主导地位的新世纪即将到来之际，中国科学院向中共中央、国务院报送《迎接知识经济时代，建设国家创新体系》研究报告，提出要建设面向知识经济的国家创新体系。1998年，中国科学院国家创新体系课题组提出，到2010年前后，要基本形成适应社会主义市场经济体制和符合科技发展规律的国家创新体系及运行机制。1998年6月，中共中央、国务院作出建设国家创新体系的重大决策，决定由中国科学院实施知识创新工程试点。2001年3月，第九届全国人民代表大会第四次会议通过了《国民经济和社会发展第十个五年计划纲要》，明确提出"建设国家创新体系"。

（二）国家创新体系的发展阶段

研究机构与学者对于中国国家创新体系的阶段划分略有差异。经济合作与发展组织（2008）将中国创新政策的演进历程划分为孵化阶段（1975—1978年）、实验阶段（1978—1985年）、科研系统体制改革阶段（1985—1995年）、深化改革阶段（1995—2005年）和转变为以企业为主体的创新系统阶段（2005年以后），对应我国引进为主、引进转向追赶、追赶、追赶转向自主这四个国际化发展阶段。吕薇（2021）将我国的科技创新体系划分为六个阶段：计划经济体制下的科技体系（1949—1966年）、教育和科技发展恢复期（1978—1984年）、面向经济建设主战场的科技体制改革（1985—1994年）、以企业为主体的技术创新体系（1995—2005年）、系统构建国家创新体系和创新型国家（2006—2012

年）、创新驱动发展战略（2013年至今）。刘建丽（2021）认为中国共产党领导科技攻关的组织体制包括基于战备需要的"革命-生产-科技"三位一体组织模式（1921—1949年）、基于计划经济和国防导向的中央集中组织模式（1949—1978年）、面向经济建设的科技攻关项目模式（1978—2002年）、面向自主创新战略的市场主导型组织模式（2002—2012年）、进入全面创新时代以来的新型举国体制组织模式（2012年至今）。

1998年中国科学院的知识创新工程是我国新时期国家创新体系建设的发轫，2001年国家正式提出建设国家创新体系，2006年在国家层面形成建设国家创新体系的系统性部署，2012年7月全国科技创新大会提出加快国家创新体系建设。因此，本书结合我国具体实践，将1998年至2005年作为我国国家创新体系正式建设的预备启动阶段，将2006年至2012年作为深化阶段，将2013年至2020年作为创新驱动阶段。

1. 预备启动阶段（1998—2005年）

1998年中国科学院领衔开展知识创新工程试点，既是当时国家知识创新体系的核心引领，也是国家创新体系中国家战略科技力量的典型代表和最早实践。同一时期，国家机关、科研院所、企业研发机构和高等院校也都经历了重大变革。2008年国务院机构改革，涉及调整变动的机构15个，正部级机构减少4个。科研院所也随之进行转制。在推进科研院所转制的同时，国家采取政策鼓励大型国有企业建立企业研发中心，各地出台优惠政策支持大型跨国公司设立研究中心。这一时期，高等教育也经历了大规模扩招的改革，为实现现代化建设具有世界先进水平一流大学的"985工程"率先在北京大学和清华大学实施。在政策推动下，这一时期国内大中型企业的研发机构数量快速上升，企业建立的国家重点实验室和国家工程（技术）中心数量增长迅速，推动企业在国家创新体系中发挥知识创新效能的尝试取得一定成效。2001年，国家创新体系建设被纳入国家"十五"计划。2003年，国家中长期科学和技术发展规划进入准备阶段。这一时期，虽然国家创新体系建设已经起步，然而资源和能源短缺、人口红利逐渐消失、国家技术安全等问题也日益严重。原有的粗放式经济增长模式难以适应新时期的发展要求，资源能源和环境遭受巨大压力，无法承载可持续发展。

2. 深化阶段（2006—2012年）

2006年，国务院发布《国家中长期科学和技术发展规划纲要（2006—2020年）》，提出推进国家创新体系建设，为我国进入创新型国家行列提供可靠保障，并明确了国家创新体系的五个子系统："一是建设以企业为主体、产学研结合的技术创新体系；二是建设科学研究与高等教育有机结合的知识创新体系；三是建设军民结合、寓军于民的国防科技创新体系；四是建设各具特色和优势的区域创新体系；五是建设社会化、网络化的科技中介服务体系。"2006年以来，通过五个子系统的逐步建设和完善，我国建立了国家重点实验室体系，形成了支持技术攻关和转化应用的工程技术类科技创新基地，包括国家工程技术研究中心、国家工程实验室、国家工程研究中心等，并完善了支持重点领域技术攻关与转化应用的服务保障体系。然而，这一时期科技与经济的"两张皮"问题仍然存在，科技计划领域的不诚信、不道德行为较为突出。研发投入、科技人员投入、国家科技论文被收录数量、专利受理申请量等大幅提升，但研发投入效率、科技创新效率、科技论文质量及专利有效性等，与西方创新型国家的差距并没有缩小。知识产权尤其是发明专利依然受制于西方，中国距离创新型国家的路还很遥远。

3. 创新驱动阶段（2013—2020年）

2012年，中共中央办公厅、国务院办公厅印发《关于深化科技体制改革加快国家创新体系建设的意见》，提出"进一步深化科技体制改革、加快国家创新体系建设"以及"到2020年，在科技体制改革的重要领域和关键环节取得突破性成果，基本建立适应创新驱动发展战略要求，符合社会主义市场经济规律和科技创新发展规律的中国特色国家创新体系，进入创新型国家行列"。在此期间，我国在财政、税收、金融、人才、知识产权等各方面实现了深度改革，为科技创新破除了制度性障碍。到2020年时，我国已经基本形成包含科研院所、高校、企业等多主体的、完整的、现代化的国家创新体系。

创新型国家是建设国家创新体系的目标所在，科技体制与国家创新体系是创新型国家建设的基本制度基础。进入21世纪以来，我国在科技体制改革方面实现了诸多创新与突破，国家创新体系也已形成并趋于完善。从我国2020年创新能力指数、研发投入强度、科技进步贡献率等定量指标来看，可以认为我国已经进入了创新型国家行列。但不可否认的是，中国现有创新水平与先进创新国家在基础研究、顶尖人才、营商环境等方面仍存在较大差距。

二、创新型国家建设的瓶颈与困境

一是理想与现实之间有偏差。纵观改革开放至今我国国家创新体系的演化历史，基于"市场换技术"的指导思想，我国形成了由企业自主引进先进适用技术，并与科研机构、高等院校开展吸收与创新的追赶型、任务导向型的国家创新体系，这既是我国产业崛起的捷径，也是我国国家创新体系挥之不去的底色。单一面向市场、缺少有序引导的科技创新行为催生了重应用开发、轻基础研究的创新资源布局，也催生了"五唯"①"老师变老板"等科研乱象，这种国家创新体系难以支撑我国科技创新从"跟跑"向"并跑""领跑"跨越的时代要求。在以经济效益为导向的国家创新体系建设思路下，"市场换技术"换来的只能是落后的技术，科技创新资源的错配反而阻碍了国家创新体系效能进一步提高。

二是认知与态势之间有距离。毋庸置疑，我国科技经济发展取得的成就是巨大的，然而科技创新的规范和发展不能很好融合的问题始终没有得到根本解决。以"国家队"为主的科技创新在人事管理、成果转化与奖励激励、国有资产管理等方面形成了一套刚性的规范性制度，并在此基础上构建了我国的国家创新体系。在这一体系中，对科技活动的"规范性"要求优于对"灵活性"的要求，忽视了科技创新在不同领域、不同时期需求上的多样性。随着全球科技创新发展广度显著加大、深度显著加深、速度显著加快、精度显著加强，因循守旧、唯政策是从的科研作风与复杂严峻的国际科技创新竞争环境之间的距离日益明显，阻碍了国家创新体系效能的进一步提高。

三是旧体制与新格局之间有隔阂。国家科技创新体系不是无源之水、无本之木，中华人民共和国成立以来，我国通过建设科研机构、形成规范制度、完成创新成果已经构建了一套完整的国家科技创新体系。想要提高既有创新体系的能效，势必要改变既有创新体系中的利益分配格局，面对来自各方的阻力。例如：在破"五唯"过程中，评价主体失去了公

---

① "五唯"是指"唯论文、唯帽子、唯职称、唯学历、唯奖项"的现象。——编者注

允的评价尺度，究竟孰优孰劣仁者见仁、智者见智；管理部门在做评价时，仍旧尊重"客观依据"，而所谓的"客观依据"，仍然是唯关键指标论；失去周期性评价的标尺，难以及时甄别机构或团队中"搭便车"的行为。旧体制与新格局之间的隔阂使得政产学研用合作机制不畅，多方共赢的利益分配机制难以兑现，阻碍了国家创新体系效能进一步提高。

在以美国科技脱钩为代表的发达国家对我国技术封锁日趋严峻，关键核心技术的相关知识流和信息流通道变窄的情况下，依赖外部科技成果的吸收-引进-再开发的创新体系已经无力支撑我国未来社会经济的高质量发展；实现保持经济平稳运行、打赢抗疫攻坚战、实现"碳达峰碳中和"等我国当前的宏观目标也对国家创新体系整体效能的提升提出了迫切要求。面对外部激烈的科技竞争态势和内部迫切的科技创新成果需求，提升国家科技创新体系整体效能成为我国当下必然的战略选择。

三、新时期国家创新的新方向

在动态情境中，创新体系的竞争优势将发生变化，新兴创新体系将逐渐演化成熟。根据克里斯蒂娜（Cristina，2019）的研究分析，从低水平到高水平的经济发展，伴随着国家创新体系的能力建设，中等收入国家致力于长周期技术研发和知识创造，通过创新投资和产业升级，能够在避免中等收入陷阱的同时完成自身创新能力建设。相比较而言，高收入国家则需要把握新技术的机遇以保持自身领先地位。当前中国恰是处于科技创新战略机会窗口期的中等收入国家。中国经过二十余年的建设，已经建立了较为完善的国家创新体系框架并在创新型国家建设中取得突破性成就，现阶段正在寻求进入创新型国家前列和建设世界科技创新强国。

科技强国的核心指标包括：具有自然科学、社会科学和人文科学的理论原创能力，拥有从事高水平、具有转型意义的基础研究和应用基础研究能力；掌握几乎所有产业的核心技术，并具备不断开发产业引领技术、新型技术的能力；在知识产权贸易中处于有利的地位，并拥有一批世界级创新企业。为实现科技强国的中长期目标，在建设创新型国家的过程中，我国提出了"科技自立自强"和"健全社会主义市场经济条件下的新型举国体制"两个新的路径。

（一）科技自立自强

科技领域的创新资源和信息交换的实质是知识资源的交换。在经济全球化环境下，知识的无国界、非独占性和可持续性使得发展中国家能够快速获取技术知识并建立优势。然而，经济全球化具有时空的不均衡性，世界经济进入低迷期后，逆经济全球化、单边主义和保护主义开始抬头，以国境为边界的国家创新体系之间的创新资源交换减缓甚至发生停滞。早在1999年，王春法即指出，国际竞争的战线已经明显前移至研究开发阶段。科技自立自强路径成了中国国家创新体系应对外部环境变化的必然选择，人才将成为实现科技强国最为关键的要素。

（二）新型举国体制

党的十九届四中全会提出"构建社会主义市场经济条件下关键核心技术攻关新型举国体制"。新型举国体制是新时期国家创新体系内部对子系统及创新主体间重新配置资源、激发不同子系统不同功能以实现"整体大于部分之和"的新路径。其核心包括对政府和市场作用的调整、对创新行为主体的调整及对区域创新体系的调整。

重大科技攻关是一项系统工程，而系统工程又必须依靠"集中力量办大事"的举国体制推进。举国体制能够汇聚多方资源用以组织实施重大科技活动，这种方式在科技领域曾被世界各国广泛采用。但举国体制有其特殊性、适应性和局限性，主要依靠行政资源配置的方式，在过去的科技发展过程中出现了院所机构冗余、财政负担过重等问题，同时也不利于企业充分发挥在创新中的主体作用。李哲、苏楠（2014）的研究指出，新型举国体制面临着从行政配置资源为主到市场配置资源为主、从产品导向到商品导向、从注重目标实现到目标与效益并重的三大转变。沈律（2021）认为，国家创新体系正面临着由政府行为主导的大科学向由政府、个人、企业、社会、团体、跨国企业、科技基金会等多方面有机结合的超大科学的转变。新型举国体制强调引入市场机制，以直接面向市场的产品调动资本和市场主体参与，既要发挥行政力量对资源的集中调配优势，又要调动市场主体积极性，聚集多元力量共同推进关键核心技术攻关。

围绕创新行为主体，陈劲（2021）从"整合式创新"的角度提出了中国特色新型国家创新体系的核心是企业，以中央企业为龙头、国有企业为主力军、民营企业为生力军。大型企业与中小企业和谐共生，国企民企多维、多领域协同推进三次产业融合发展和区域协调高质量的整合创新生态。谢绚丽等（2021）提出以新产业培育为目标的国家创新系统，这一系统的核心主体是企业、政府、大学、研究院所和金融机构，企业作为技术创新的主体处于中心地位。孙夕龙（2021）提出，中国特色国家创新体系以企业为主体，由政府、科研机构和大学、企业及相关社会组织构成。尽管各类视角下的创新主体有所不同，但这些资料充分表明，新的国家创新体系赋予了能够"桥接"政府和市场、吸收多元创新资源投入关键核心技术攻关的各类研发机构和主体充分的成长空间。

区域创新体系作为国家创新体系的子系统，服从于国家创新体系的战略目标与布局，同时其目标功能偏向创新活动的中下游。在国家创新体系的系列调整优化行动中，区域创新体系常常通过注入社会资源等方式推动创新活动主体的技术研发和成果应用。因此，区域创新体系也是新型举国体制的重要组成部分。

第三节　迈向新时期的国家创新体系

强大的基础科学不仅是长远发展所需要的战略基石，也是社会主义现代化强国的题中之义。新时期国家创新体系的重大使命不仅是于百年变局中开中国基础科学的新局，在外部科技创新要素流动放缓的情况下通过充分优化的创新主体结构激发内生的创新活力，保持甚至大幅提升自身科技竞争力，更为核心的任务在于强化基础科学，构建适配长远发展所需要的大科学体系。

一、新时期国家创新体系的顶层设计

2021年，《中华人民共和国国民经济和社会发展第十四个五年规划和2035年远景目标纲要》（以下简称《纲要》）提出，完善国家创新体系，加快建设科技强国。建设科技强国成为新时期国家创新体系的建设目标，基于这一目标的国家创新体系顶层设计调整，主要体现为《纲要》中所明确的强化国家战略科技力量、突出企业创新主体地位、完善科技创新体制机制、打造国家战略人才力量四个方面。

（一）强化国家战略科技力量

国家创新体系在顶层设计上对科研攻关主体和研究领域进行了重大调整。明确在重大创新领域组建国家实验室，并对原有的36家国家重点实验室进行重组，从而重构国家实验室体系，以推进关键核心技术攻关。通过优化提升国家工程研究中心、国家技术创新中心等创新基地，以适应国家重大任务推进。同时推进科研院所、高等院校和企业科研力量优化配置，以推进能级提升和资源共享；支持发展新型研究型大学、

新型研发机构等新型创新主体。同时，驱动区域创新体系共同推进建设国家战略科技力量，包括支持北京、上海、粤港澳大湾区形成国际科技创新中心，建设北京怀柔、上海张江、大湾区、安徽合肥综合性国家科学中心，支持有条件的地方建设区域科技创新中心等。

（二）突出企业创新主体地位

国家创新体系倡导形成以企业为主体、市场为导向、产学研用深度融合的技术创新体系。除通过普惠性政策激励企业加大研发投入、支持中小企业发展外，国家创新体系还倡导以企业为主体的协同创新，支持产业共性基础技术研发；支持行业龙头企业联合高等院校、科研院所和行业上下游企业共建国家产业创新中心，承担国家重大科技项目；支持有条件的企业联合转制科研院所组建行业研究院，提供公益性共性技术服务；打造新型共性技术平台，解决跨行业跨领域关键共性技术问题。发挥大企业引领支撑作用，支持创新型中小微企业成长为创新重要发源地，推动产业链上中下游、大中小企业融通创新；鼓励有条件地方依托产业集群创办混合所有制产业技术研究院，服务区域关键共性技术研发；鼓励将符合条件的由财政资金支持形成的科技成果许可给中小企业使用，形成产研两端知识产权赋权与成果应用的闭环。

（三）完善科技创新体制机制

科技创新体制机制是系统中调节控制创新行为和连接的关键，创新活动的不规律性与创新管理体制机制的相对稳定性经常出现矛盾，因此深化科技创新体制机制改革常常作为促进创新活动的重要举措。我国在财政科研投入体制、重大科技项目立项和组织管理方式、资金支持机制、科技评价机制、知识产权制度、科研机构现代院所制度等方面开展了全面创新改革试验，为促进高等院校、科研机构、企业间创新资源的自由流动提供了强大助推力。

此外，围绕国家创新体系、子系统和创新主体创新功能实现所必须的人才力量，提出打造国家战略科技力量，倡导赋予领军人才和拔尖人才更大技术路线决定权和经费使用权；鼓励探索建立以创新能力、质量、实效、贡献为导向的科技人才评价体系；构建充分体现知识、技术等创新要素价值的收益分配机制；完善科研人员职务发明成果权益分享机制，探索赋予科研人员职务科技成果所有权或长期使用权。

二、新时期国家创新体系的结构

新时期的国家创新体系（如图1-2所示）包含了从核心的知识到其应用的全过程，从层次上可分为核心层、基础层、主体层、机制层和应用层五个层面，五大层次构成了新时期国家创新体系的基本面。同时，五大层次内的创新要素按照其定位目标形成了各类创新体系，其中，面向国家战略安全的科技创新体系、面向知识创新的科学研究体系、驱动高质量发展的区域创新体系、面向全域创新的科技服务体系、面向市场应用的技术创新体系这五大体系成为新时期国家创新体系子系统的突出代表。

（一）层次

核心层由创新的核心即知识构成，包括知识应用、知识创造、知识传播、知识管理。在国际范围内知识流动放缓的情境下，依靠科技自立自强突破基础理论创新将成为新的路径。基础层由实现创新功能的基础设施与平台构成，包括重大科技基础设施和重大科研仪器设备等，基础层是创造知识的重要基础，也是主体层取得重大科学和技术突破的必要

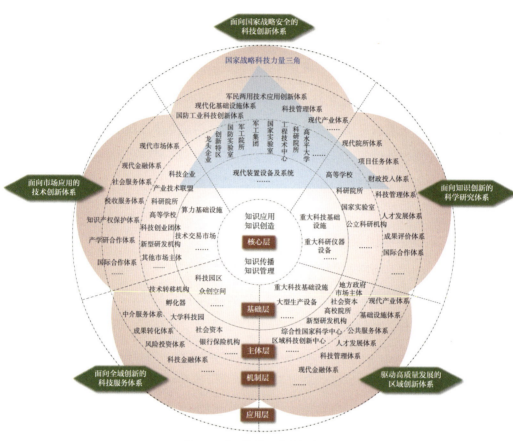

图 1-2　新时期的国家创新体系结构

条件。主体层包含了新时期国家创新体系中五大体系内的既有主体和新生力量，既有主体的职能和任务随着国家创新体系和科技发展战略路径的调整而发生改变，同时一些既有主体或其内部创新要素为适应新时期的国家创新体系的任务会经历重组和调整，从而形成了新时期国家创新体系中的新兴主体。机制层包括系列科技创新体制机制及其创新举措，如国家科技治理、知识产权保护、科研评价、重大任务组织、基础前沿研究投入、开放合作等方面的体制机制及其改革。应用层是各体系内的相关主体围绕国家战略安全、知识创新、高质量发展、市场应用等推进科学研究与技术开发的相关工作。

（二）体系

面向国家战略安全领域的科技创新体系立足于新时期国家战略安全领域的形态正向信息化、智能化深度演进，全面国产化替代已成为基本面的新形势。其创新执行主体包含了系列军工集团及其研究所、军工研究院、国家实验室平台（国家实验室及国家重点实验室）、国防实验室平台（国防实验室及国防科技重点实验室）、创新特区、科技龙头企业、工程技术研究中心、高水平研究型大学及科研院所等。

面向知识创新的科学研究体系围绕基础前沿领域和关键核心技术重大科学问题，聚焦"从0到1"的基础研究，推动基础学科强化和学科交叉融合，以提升我国原始创新能力，其创新执行主体包含了高等院校、中央及地方科研院所、公益类科研机构、国家实验室平台、联合创新实验室等。

驱动高质量发展的区域创新体系通常以行政区划或相近区域为主体，立足于区域经济社会发展，在区域内承载和支撑大量科技创新活动，并持续汇聚多种类型的科技创新要素如人才、技术、资金等，以期通过创新驱动和赋能经济的高质量发展。创新主体包括地方政府、市场主体、社会资本、科研院所、新型研发机构、综合性国家科学中心、区域科技创新中心等。

面向全域创新的科技服务体系以中介服务体系、成果转化体系、风险投资体系、科技金融体系等推动在更大范围内进行有效的资源整合。在这一体系中，参与全域创新包含了国家技术转移机构、科技创新园区、科技企业孵化器或加速器、众创空间、大学科技园、新型研发机构等，此外还有市场资本力量、银行保险机构等多元化投入主体。

面向市场应用的技术创新体系旨在形成和完善以企业为主体、市场为导向、产学研相结合的技术创新体系，提升企业自主创新能力和产业核心竞争力，促进经济结构调整和产业优化升级。其创新执行主体包含了科技创新企业、产业技术创新联盟、高等院校、科技创业团体、科研院所、新型研发机构及各类市场主体。

值得一提的是，尽管五大体系作为子系统在国家创新体系中发挥着越来越强大的作用，但这些体系及其中的创新执行主体并非分立或割裂的，一些创新主体同时也在其他体系中发挥重要作用。

三、新时期创新主体的发展趋向

在新时期国家创新体系中，以科技创新企业、高等院校、科研院所等为代表的既有创新主体的目标定位、职能任务及外部资源投入也发生了深刻变化；同时，新兴主体的生长也催动了国家创新体系的进一步演化。

（一）既有主体

科技创新企业。新时期国家科技自立自强必然地要求进一步发挥企业在技术创新中的主体作用，当前，企业不仅在市场应用中发挥作用，在国家重大科技项目及研发计划、国家重大科技基础设施和大型科研仪器设备建设中的参与度与重要性也进一步凸显。在面向市场应用的硬科技突破和制胜未来的基础研究中，科技龙头企业等发挥了关键作用。此外，随着企业在科技创新中的主体地位进一步显现，企业牵引的科学突破与技术创新将会成为我国新时期科技发展的主流之一。

高等院校。在新时期的国家创新体系中，高等院校的系列创新要素也发生了深刻变化。一方面，国家对于各区域高等院校的战略资源投入和支持分配有所调整，如2022年全国重点实验室建设。另一方面，面对新时期科技创新的任务和挑战，国家创新体系中的高等院校在发展战略和学科布局上进行了重大调整。一些高水平研究型大学凭借强大的研究基础和前瞻性布局成为国家战略科技力量的重要组成。此外，一些高等院校通过战略资源整合与互补的方式推进大平台、大装置、大项目、大团队和大成果的谋划和产出。

中央科研院所。经历了科研院所改制转制后，国家创新体系内保留并形成了具有先进水平的中央科研院所，中国科学院是其中的典型代表。中国科学院是新时期国家战略科技力量的典型，围绕国家战略需求推出新时期战略科技力量建设的系列创新举措，在建制性优势基础上整合既有平台，构建兼具独立作战和联合攻关能力的新型研发组织模式；同时发挥科研基础优势，面向全球进一步强化覆盖64个国家和地区的国际科研合作体系；在基础研究方面推出"基础研究十条"，以保障"四个面向"导向下的定向性、体系性基础研究攻关任务；在人才团队建设和科研体制机制方面实施根本性改革。

地方科研院所。新时期区域创新体系间的创新发展竞争将持续加剧，随着区域政府发展战略和规划优化升级，地方科研院所作为区域创新体系的重要组成，将承载新的期望和使命，同时也将在区域创新发展的系列创新举措中获得大量支持，包括更大力度的财政投入、突破性的立法支持、试点式的体制机制改革等。

（二）新兴主体

新时期国家创新体系中的新兴主体代表即新型研发机构。新型研发机构的发展类型基本包括重组衍生、定向创生和自由生长三种。其中，重组衍生的新型研发机构是既有创新主体由于阶段性任务完成和作用期望增加等原因而实施重组并进一步演化而来的。定向创生的新型研发机构由更高战略目标和新时期战略部署驱动创设，其发起主体包括地方政府、既有国家战略科技力量、科技龙头企业等，其表现形式包括国家实验室及其基地、各地省实验室等。自由生长的新型研发机构多生长于国家创新体系节点处，其目标多元、类型多元、能级不一，但通常具有较高的活跃性和灵活性，能够快速整合各类创新资源。

2

第二章

内涵定位

作为创新的先行者和试验田

在世界新一轮产业技术革命和我国构建形成新发展格局的历史性交汇期，我国科技发展面临着复杂的外部环境和艰巨的攻坚任务。为了在激烈的科技创新能力竞争中抢占制高点、掌握主动权，确保国家安全，必须要把创新作为引领发展的第一动力，充分改革既有创新体制机制，调动全国科技创新资源和创新潜力，取得关键核心技术的突破。新型研发机构是实施创新驱动发展战略、推进科技体制改革的新型创新主体，是我国科研力量的重要组成部分。新型研发机构通过为企业提供高质量的技术供给和研发服务，为提高企业技术创新能力作出了积极的贡献。

在新的时期，新型研发机构的建设也必须着眼于新的历史起点，肩负起历史责任，不断向科学技术广度和深度进军。新型研发机构既是国家现有科研组织体系的重要组成部分，也是当前我国深化科研机构改革、建立现代科研院所制度的重要载体。新型研发机构兼具技术研发、成果转化、企业孵化、人才培养等一体化功能。从现有新型研发机构的发展经验来看，与传统研究机构相比，新型研发机构能够更加有效地整合"政产学研用金"多种创新资源，为产业的转型升级提供技术创新和科技服务，推动区域创新体系的协同发展。新型研发机构通过成果应用反向牵引技术开发体系，让源头科技创新始终面向最终需求与价值，促进颠覆性的源头科技以最短的时间真正转化为战斗力和生产力，推动社会变革与发展。

第一节　新型研发机构的基本内涵

一、新型研发机构的内涵

为了满足不同领域、不同阶段、不同基础、不同目标的研发机构的需求，新型研发机构的概念、形式和特征一直在发生变化。在多年的理论和实践研究之后，2019年科技部制定的《关于促进新型研发机构发展的指导意见》指出，新型研发机构是聚焦科技创新需求，主要从事科学研究、技术创新和研发服务，投资主体多元化、管理制度现代化、运行机制市场化、用人机制灵活的独立法人机构。这一概念结合了传统事业型研发机构和市场型研发机构的特点：在知识属性上，新型研发机构有效解决了各类创新主体由体制机制分割导致的知识分散化和碎片化问题，通过集成创新实现隐性知识向显性知识的快速转化；在技术属性上，新型研发机构有效融合运用了科研创新者、市场创新者和其他异质性创新主体的知识；在组织属性上，新型研发机构打破各类创新主体的组织边界，解决了在原来边界分明的组织中无法解决的问题，让创新资源得以有效流动；在社会属性上，科研创新者和市场创新者等不同创新主体得到有效治理，创新资本在不同创新者之间得到科学配置，创新绩效在不同创新者之间合理分配，劳动价值得到进一步回归，通过集成式研发创新为社会创造更大价值。

实际上，在2019年《关于促进新型研发机构发展的指导意见》出台前后，各省（区、市）纷纷出台新型研发机构认定文件，根据各省（区、市）实际情况提出了适合本地发展需求的新型研发机构定义和认定标准（见表2-1）。从内容上来说，这些省（区、市）提出的新型研发机构定义互为对照和补充，总体来说仍然处于科技部《关于促进新型研发机构发展的指导意见》文件框架内。

表2-1 部分省（区、市）文件中对新型研发机构的定义

区域	文件名	对新型研发机构的定义	侧重点
广东省	《关于支持新型研发机构发展的试行办法》（粤科产学研字〔2015〕69号）	投资主体多元化，建设模式国际化，运行机制市场化，管理制度现代化，创新创业与孵化育成相结合，产学研紧密结合的独立法人组织。新型研发机构是广东省区域创新体系的重要组成部分，是加快创新驱动发展的重要生力军	功能上的有效补充
山东省	《山东省新型研发机构管理暂行办法》（鲁科字〔2019〕7号）	投资主体多元化、组建方式多样化、运行机制市场化，具有可持续发展的能力，产学研协同创新的独立法人组织。新型研发机构以开展产业技术研发为核心功能，兼具基础研究、应用基础研究、技术转移转化、科技企业孵化培育、产业投融资及高端人才集聚培养等功能	组织形式上的特殊性
浙江省	《浙江省人民政府办公厅关于加快建设高水平新型研发机构的若干意见》（浙政办发〔2020〕34号）	从事科学研究、技术创新和研发服务，具有投资主体多元化、管理制度现代化、运行机制市场化、用人机制灵活的特征，是国家重点支持发展的创新载体	组织形式上的特殊性
吉林省	《吉林省新型研发机构认定管理办法》（吉科发政〔2019〕356号）	围绕吉林省重大科技创新需求，采用多元化投资、企业化管理和市场化运作，主要从事科学研究与技术开发及相关技术转移、衍生孵化、技术服务等活动的独立法人机构	功能上的有效补充

续表

区域	文件名	对新型研发机构的定义	侧重点
四川省	《四川省新型研发机构培育建设办法（试行）》（川科规〔2021〕12号）	聚焦科技创新需求，主要从事科学研究、技术创新和研发服务、成果转化、企业孵化，投资主体多元化、管理制度现代化、运行机制市场化、用人机制灵活的独立法人机构	功能上的有效补充
江苏省	《南京江北新区关于推动新型研发机构高质量发展的管理服务办法（试行）》（宁新区管创发〔2021〕15号）	符合江北新区产业发展需求，服务新区打造产业创新集群，依托国内外高校院所、龙头企业等优势科技创新资源，以产业技术研发和科技成果转化为目的，由人才团队持多数股份组建的，多元化投资、市场化运行、现代化管理的独立法人企业	组织形式上的特殊性
上海市	《关于促进新型研发机构创新发展的若干规定（试行）》（沪科规〔2019〕3号）	有别于传统科研事业单位，具备灵活开放的体制机制，运行机制高效、管理制度健全、用人机制灵活的独立法人机构，包括科技类社会组织、研发服务类企业、实行新型运行机制的科研事业单位	功能上的有效补充
重庆市	《重庆市新型研发机构管理暂行办法》（渝科委发〔2016〕129号）	聚焦重庆市科技创新需求，主要从事科学研究、技术创新、研发服务和成果转化，投资主体多元化、管理制度现代化、运行机制市场化、用人机制灵活的独立法人机构，可以是在渝依法注册的科技类民办非企业单位（社会服务机构）、事业单位和企业，分为新型研发机构（初创型）和新型高端研发机构	创新生态核心作用
浙江省	《杭州市新型研发机构管理办法》（杭科合〔2021〕99号）	聚焦科技创新需求，主要从事科学研究、技术创新、孵化转化和研发服务，投资主体多元化、管理制度现代化、运行机制市场化、用人机制灵活的独立法人机构	功能上的有效补充

除这些文件外，还有一些学者根据研究需要对文件中的概念进行了丰富和拓展，一些新型研发机构专著，如《解密新业态：新型研发机构的理论与实践》一书中对新型研发机构的定义是"投资主体多元化、建

设模式市场化、管理制度现代化、人才引用柔性化，以源头性技术研发和产业应用为目标，以产学研合作机制为核心，能有效集聚高端创新资源，推动形成可持续造血能力的独立法人组织"；《新型研发机构研究——学理分析与治理体系》中对新型研发机构的定义是"由多主体构成，以产学研合作为内核，围绕科学发现-技术发明-产业发展的创新全链条，将各个主体所拥有的分散化知识进行综合运用与集成创新，实现创新、就业、创智一体化发展的新型法人治理结构"。这些都是学者为剖析新型研发机构而作出的定义，其普适性和权威性都值得进一步商榷。

从以上例子可以看出，对于新型研发机构的定义众说纷纭，莫衷一是。而且随着对新型研发机构体制机制探索和学理研究的不断深入，新型研发机构的定义和内涵也在不断完善。为避免在论述中因为定义不一致而出现"稻草人谬误"①，本书采用上文提到的科技部在《关于促进新型研发机构发展的指导意见》给出的定义，即"聚焦科技创新需求，主要从事科学研究、技术创新和研发服务，投资主体多元化、管理制度现代化、运行机制市场化、用人机制灵活的独立法人机构"。本章将结合既有的理论研究和实践探索成果，从新型研发机构概念的流变、特征与分类等几个方面为新型研发机构描绘一幅更清晰的画像，为后续章节的研究奠定基础。

---

① 稻草人谬误是一种错误的论证方式。在论辩中有意或无意地歪曲理解论题的立场以便能够更容易地攻击论敌，或者回避论敌较强的论证而攻击其较弱的论证。——编者注

二、新型研发机构概念的流变

我国新型研发机构的探索最早可以追溯到20世纪末。1996年，深圳市政府与清华大学联合成立的深圳清华大学研究院开始试水通过企业化的运作方式增强技术供给，满足市场对科技创新日益增加的需求。2003年前后，学者对新型研发机构中研发体系的构建开展了集中研究，并根据新型研发机构区别于传统科研院所的特征总结出"四不像"理论——既不像大学又不像科研院所，既不像企业也不像事业单位。作为一种新机构形态，通过"四不像"可以来描述其"不是什么"，但更重要的是弄清"是什么"。"四不像"在很长一段时间成了新型研发机构最醒目的标签，对于新型研发机构功能和定义的讨论却一直没有取得进展。

2013年，中国共产党第十八届中央委员会第三次全体会议审议通过《中共中央关于全面深化改革若干重大问题的决定》，指出"建立健全鼓励原始创新、集成创新、引进消化吸收再创新的体制机制，健全技术创新市场导向机制，发挥市场对技术研发方向、路线选择、要素价格、各类创新要素配置的导向作用。建立产学研协同创新机制，强化企业在技术创新中的主体地位，发挥大型企业创新骨干作用，激发中小企业创新活力，推进应用型技术研发机构市场化、企业化改革，建设国家创新体系"。《中共中央关于全面深化改革若干重大问题的决定》为解决我国科技发展中不平衡、不协调、不可持续，科技创新能力不强，产业结构不合理，发展方式依然粗放等问题提供了根本遵循。从2013年起，作为我国科技创新体系的重要组成部分，新型研发机构因其不同于传统研发机构的特点而备受关注。学界和业界对于新型研发机构的作用和功能有了新的认识，各地新建的和既有的新型研发机构也都调整了工作机制以响应新的时代要求，新型研发机构的内涵和特征都发生了很大变化。从这一时期开始，分析和梳理2013年之后新型研发机构概念的变化对于深入理解新型研发机构在我国科技创新体系中的位置和作用具有重要意义。因此，本节将基于科技文献，对2013年以后新型研发机构的概念中核心要素的流变做简要梳理。总体来说，2013年以后新型研发机构定义中核心要素的流变呈现出以下几方面特征（见图2-1）。

（一）从科技创新平台到独立法人组织

早期新型研发机构的特征属性受到重点关注。随着新型研发机构的发展，其对科技成果转化的作用受到学界和政府的高度重视，相关政策及学术文献大量涌现。这一时期对于新型研发机构的定义从聚焦集聚资源的创新平台属性逐渐转移到认可新型研发机构作为独立运营机构的独立法人组织属性。作为新型研发机构建设和试点的重要阵地，广东省的一些政策文件直观地展现出了对新型研发机构认识理念的变化。2015年广东省出台的《关于支持新型研发机构发展的试行办法》中明确"新型研发机构是指投资主体多元化，建设模式国际化，运行机制市场化，管理制度现代化，创新创业与孵化育成相结合，产学研紧密结合的独立法人组织"。2017年《广东省科学技术厅关于新型研发机构管理的暂行办法》中指出"新型研发机构一般是指投资主体多元化、建设模式国际化、运行机制市场化、管理制度现代化，具有可持续发展能力，产学研协同创新的独立法人组织"。这两个文件都比较清晰地对新型研发机构作为独立法人组织的特性进行了描述。

对比以上文件中对新型研发机构的定义不难发现，2015年将新型研发机构定位为产学研紧密合作的平台，2017年的定义则更加突出新型研发机构作为一种新型机构的实体化存在。而到了2019年，科技部《关于

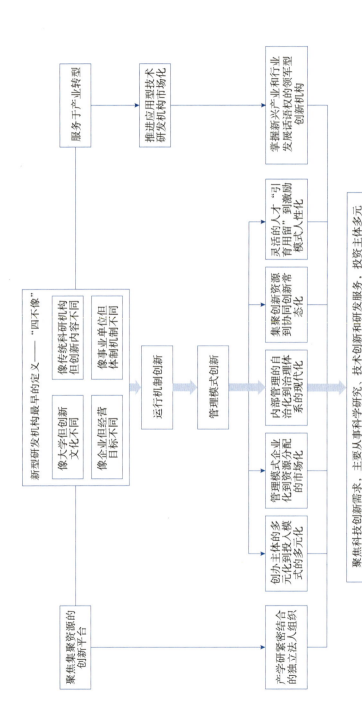

图 2-1 新型研发机构定义的流变（2013—2021 年）

40

促进新型研发机构发展的指导意见》将新型研发机构定义为"主要从事科学研究、技术创新和研发服务，投资主体多元化、管理制度现代化、运行机制市场化、用人机制灵活的独立法人机构"。从定义中核心要素的流变可以较为清晰地看到学界和业界对新型研发机构的认知经历了从科技创新平台到新型独立法人组织的一个变化过程。

（二）从服务于产业转型到聚焦科技创新需求

如前文所述，2013年《中共中央关于全面深化改革若干重大问题的决定》中提出要"深化科技体制改革"的总方针之后，利用新型研发机构促进基础研究和应用研究结合这一命题才重新获得了学界和业界的关注。《中共中央关于全面深化改革若干重大问题的决定》中提出，要"建立产学研协同创新机制，强化企业在技术创新中的主体地位，发挥大型企业创新骨干作用，激发中小企业创新活力，推进应用型技术研发机构市场化、企业化改革，建设国家创新体系"，因此学界一般认为新型研发机构就是文件中所定义的区别于企业自建型研发机构的、以企业的方式运作的研发机构。具体来说，就是以多主体的方式投资、多样化的模式组建、企业化的机制运作，以市场需求为导向，主要从事研发及其相关活动，投管分离、独立核算、自负盈亏的新型法人组织；或者投资主体多元化、组建模式多样化、资源配置市场化、管理机制企业化、研发方向需求化、人才队伍国际化等不同于传统研发机构的新型研发组织。这一类定义参照了企业独立核算、自负盈亏的特点，却忽视了新型研发机构建设呈现出的明显的多元化特征。单纯的自负盈亏无法囊括其在聚集人才、引领战略性新兴产业发展等方面的重要作用，也不符合大多数新型研发机构建设的初衷。换句话说，自负盈亏不是目的而是手段，新型研发机构的定义应该更加强调其在新领域探索的重要作用。基于这一考虑，某些专家将新型科研机构定义为放眼国际前沿，以引领战略性新兴产业为己任，聚集顶尖人才，以市场为导向，企业化运作，掌握新兴产业和行业发展话语权的领军型创新机构；或者以研发为主业，向社会转让不同阶段的技术成果，承接国内外政府、机构或企业委托的研发项目，进行试验性生产或进行成果转化，不参与最终产品批量生产，形成特有的盈利模式和财务平衡机制的研究型、企业化运作机构。这一类定义在一定程度上弥补了之前定义对新型研发机构使命愿景的忽视，将新型研发机构归纳为服务于产业转型升级的，以类似企业机制运作的研发机构。新型研发机构与传统研发机构最大的不同在于其更加靠近产业端，缩短了科技成果转化路径，研发成果可以更快地运用到产业中去，提升生产能效。早期研究认为新型研发机构应以政府的产业导向和政策为指引，集聚科技创新资源，定位于新兴技术或产业领域，为新兴产业的发展和产业转型升级提供技术支撑。

实际上，从国内外新型研发机构的建设和运行经验来看，新型研发机构在创立初期有可能是面向新兴产业，以运用企业管理制度完成产业升级为目标的独立实体，但在运行过程中将不可避免地因其急功近利的运作模式而难以真正支撑"产业升级"。换句话说，产业升级的目标和企业运作的模式之间难以调和。因此，许多新型研发机构在运行过程中自发地保留了企业运作模式，调整了其工作目标。利用高产出、高效率的体制机制优势，充分尊重市场的需求，聚焦各类科技创新需求，在完成科技创新的同时，在开展产学研合作、共同完成科技成果的转移转化方面投入了更大的精力。新型研发机构实施跨区域、跨国界的全球资源整合和开放式创新，是其体制机制创新的重要保障，并以此促进产学研深度融合。新型研发机构的目标转换逐步被学界和业界观察到，并体现在了2019年科技部制定的《关于促进新型研发机构发展的指导意见》中，该文件给出的定义精准地描述了新型研发机构作为独立实体的存在、优势和不同于以往机构的特点。

从以上分析可以看出，关于新型研发机构的定义经历了从服务于产业转型到聚焦科技创新需求的变化。近年来，随着关于新型研发机构的研究和实践成果不断丰富，新型研发机构的定义也得以扩展。

（三）从运行机制的创新到管理模式的创新

灵活的运行机制和用人机制是新型研发机构的根本特征。新型研发机构大多采取了企业化的运行机制、市场化的用人和激励机制，为了与该用人和激励机制相适应，新型研发机构在概念上已经逐渐从单一的体制机制创新延伸为整个管理模式的创新，对新型研发机构的定义也有了新的变化。具体来说，新型研发机构的定义流变主要体现在以下五个方面。

一是从创办主体的多元化到投入模式的多元化。新型研发机构多元化的项目投资机制有利于进一步加快科技体制改革的步伐，具有更强的创新策源能力，这主要体现在新型研发机构体制机制设计的合理性以及与市场需求的紧密联系，能够有效引导国家研发经费投入到重点项目，使科研投入得以保障，研发能力得以提高；另外，对于研发周期较长、依赖长期大量投入及研发收益偏低的产业共性技术，新型研发机构的职能使命决定其扮演着产业共性关键技术研发的关键角色，是衔接科技与经济发展的重要桥梁。

二是从管理模式企业化到资源分配的市场化。新型研发机构往往建立了灵活的企业化现代管理机制，有效促进了创新资源的发展，有利于整体创新效率的提升。新型研发机构在其运作过程中，以市场需求为导向，通过技术研发、技术转移、技术服务、项目孵化、人才培育等一体化服务，支撑引领现代产业发展，打通了创新链条，成为区域创新生力军。

三是从内部管理的自治化到治理体系的现代化。科研院所治理体系变革缓慢是催生新型研发机构的主要原因之一，新型研发机构是国家建立与国际经验接轨的现代科研院所治理体系的创新探索。健全新型研发机构的治理体系，最重要的是国家加快推进现代科研院所治理体系的整体改革，建立符合科研规律和人才规律、符合科研机构运作特点的治理体系。传统新型研发机构强调的是独立运作，可以依据市场需求权宜行事。近期有关新型研发机构的定义一般要求实行理事会领导下的院（所）长负责制，这一独立的法人治理模式有利于破除体制机制障碍，释放科技创新活力。

四是从集聚创新资源到协同创新常态化。相较于传统科研院所而言，新型研发机构建立了产学研合作创新机制，充分整合创新资源，促进了科技体制与市场经济接轨。一方面实现了对创新资源的优化配置，不断探索最为合适的科技成果转化机会及场所，为新技术的转移转化创造了良好条件，同时为知识群落与产业群落架起了衔接桥梁，对科技资源配置方式、评价制度等进行调整优化，相比传统科研院所更为有力地保证了产学研合作的高效运转。

五是从灵活的人才"引育用留"到激励模式人性化。新型研发机构通过建立人性化激励机制吸引和培育了大量创新人才。同时，通过推进传统产学研合作，建立开放的创新模式，人才发展周期不再受科研项目周期影响，既能引进国外高层次研究团队，又能聚集周边高校、科研院所优秀人才，有效实现创新力量集聚和创新能力提升，加速技术研发进程，保障科技成果转化。

第二节　新型研发机构发展的现实土壤

一、科技体制改革为新型研发机构提供了生长的土壤

党的十八大以来，创新驱动发展战略大力实施，我国科技创新能力显著增强。一批具有标志性意义的重大科技成果涌现，新一轮科技革命和产业变革给中国后发赶超和跨越发展带来重要战略机遇，我国的科技创新进入了从科技大国迈向科技强国的发展新阶段。中国在科技创新的整体能力与科技投入、经济发展和市场需求的牵引力、科技人力资源等方面进步显著，且发展势头强劲。与此同时，我国在多个产业领域面临激烈的国际竞争，关键设备和零部件对外依赖度依然较高，距离世界科技强国仍然有一定差距。

（一）我国科技体制改革回顾

回顾过去我国国家科技创新体系的发展历史，曾多次经历了自我革命和系统再造。1985年，中共中央颁布《关于科技体制改革的决定》，对我国科学技术体制中的运行机制、组织结构和人事制度等进行改革。这是中国政府第一次对既有科技体制的重大系统性改革。1988年，国务院发布《关于深化科技体制改革若干问题的决定》，鼓励科研机构切实引入竞争机制，积极推行各种形式的承包经营责任制，实行科研机构所有权和经营管理权分离。同时改革现有农业技术推广服务机构的运行机制、基层技术推广服务机构，倡导科研机构、高等院校、企事业单位积极面向农村，创办、联办各种技术经济实体。2001年，《中华人民共和国国民经济和社会发展第十个五年计划纲要》提出，建立企业技术创新体系，鼓励并引导企业建立研究开发机构，推动企业成为技术进步和创

新的主体。加强中介服务体系建设，建立社会化的科技中介服务体系。扩大国际科技合作与交流，鼓励外资企业在我国设立研究开发机构。2012年，中共中央、国务院印发《关于深化科技体制改革加快国家创新体系建设的意见》，提出加快建设若干一流科研机构，创新能力和研究成果进入世界同类科研机构前列。总之，在我国科技体制改革中，对于适应科技创新发展阶段、能够推进技术发展和转化应用的各类研发机构采取了鼓励、支持的政策导向，为新型研发机构的孕育发展提供了良好的制度条件。

（二）我国科技组织创新回顾

新型研发机构是适应科技革命和产业变革的组织范式变革，也是我国长期以来科技组织创新实践顺应国家科技创新发展阶段的必然产物。改革开放以来，我国的科研组织经历了从紧凑式到网络式的范式演变。紧凑式科研组织结构通常由政府科研资金和政策支持主导，而网络式科研组织则以市场力量为主导、由行政力量提供必要的制度基础。在我国从紧凑式科研组织转向网络式科研组织的过程中，大量创新行为主体进行了重组、调整、优化和创建，重组和调整如国有科研机构改制转制，优化和创建如企业创办研发机构、中外合资创办研发机构、高校科技成果转化孵化机构等，成为新型研发机构的雏形。同时各类组织创新实践的积累形成了相对成熟的市场导向研发机制、灵活化用人机制、国际化合作机制、多元资源整合机制等，成为新型研发机构创新功能建构的基础。

二、新型研发机构在创新型国家建设中的使命定位

创新驱动发展战略下，需要进一步优化国家创新体系内的结构，加

快知识的流动与创造。新型研发机构是我国科研力量的重要组成部分，作为实施创新驱动发展战略、推进科技体制改革的新型创新主体，在创新型国家建设中承担了重要的使命任务。

（一）提升国家创新体系的网络密度与效能

应建设创新型国家的需要，具有多种形态和灵活体制机制的新型研发机构应运而生。新型研发机构具有多种形态，它既可以通过现有国家创新体系中各类创新行为主体衍生孵化而来，也可以通过国家创新体系中创新决策主体和创新执行主体合作共建等多种形式产生，是国家创新体系中的新兴事物。基于其创建主体的多样性和生发原因的丰富性，新型研发机构兼具创新性和异质性，其概念范畴内囊括了大量异质创新行为主体。创新性意味着其最终导向在于实现科学与技术的创新发展。异质性意味着功能有所不同，既能够与原有国家创新体系中的各类创新行为主体发生多元连接与交互，"桥接"行政力量与市场力量、弥合企业与科研院所及机构的断裂地带，成为新时期政产学研用结合的多元衍生物和关键弥合剂；也能够适应国家科技创新中的系列政策改革和体制机制创新，成为科研创新活动的缓冲地带，强化系列体制机制创新的针对性和创新主体的适应性。新型研发机构不仅能丰富国家创新体系的网络节点，同时也能够强化原有创新主体关系网络。由此可见，新型研发机构是对新型举国体制下国家创新体系行为主体的有益补充，对国家创新体系的效能提升和国家战略使命任务实现具有重要作用。

（二）参与打造面向未来的国家竞争优势

新型研发机构大多布局在国家战略新兴和前沿领域，尤其在科学研究的"第四范式"来临之际，知识的产生与流动方式已经发生深刻变化，科学与技术的发展具有极大的不确定性，在不确定性中寻求技术的突破，需要能够适配这种不确定性并充分实现从智力开发到技术运用的新型科研模式。新型研发机构既生长于既有的科技创新行为主体之间，也扎根于传统科研领域范式的模糊地带，相较于高等院校、科研院所和科技企业等具有更为多元的组织模式和更为灵活的用人模式，对不同科学领域、技术需求和产业形态等具有较强的适应力，能够为国家在新兴技术领域谋得发展先机，是打造国家未来竞争力的重要参与者，对当前和今后一个时期内我国健全技术体系、弥补技术短板、发展面向未来的技术并占领科技创新制高点具有重大的战略意义。

（三）推动完善强化全域技术的创新链

国家创新体系间的角力核心在于创新链博弈。代明等指出（2009），"创新链是从创新源头开始，经过多级环节、运用多种要素、涉及多个部门、跨越多重时空，直到取得最终成果并实现其价值创造的过程"。创新链已经从线性走向非线性和循环，对于我国国家创新体系及其子系统中不同发展阶段创新链，新型研发机构都具有较强的系统适应性和进化推动力。在线性创新链中，具有多种形态的新型研发机构能够广泛布局在创新链的上中下游，既能在基础研究中推动原始创新产出，也能在应用研究和成果转化中集成社会资本。在非线性创新链中，新型研发机构能够对接多种类的创新行为主体，既能推动也能参与到创新行为主体的多重互动中，促进产品匹配市场机会。在循环创新链中，多领域、跨学科的大量知识贯穿创新的全过程，其中隐性知识发挥着更为主要且更为重要的作用，需要若干个行为主体发挥其各自功能，协同交互实现创新，这些行为主体构成了创新链中的功能节点，新型研发机构自身灵活的体制机制能够帮助知识载体实现多向流动，也因此，发展新型研发机构能够促进非竞争性的知识在区域、行业和创新主体间的流动从而强化知识溢出效应。在成果的商业应用上，新型研发机构能够更加贴近市场需求，从源头创新到新技术、新产品、新市场的快速转换机制，加快了科技成果向产业应用的转移转化。

（四）探索社会资本投入科学研究的有效机制

对于周期长、风险高、创新成果多的准公共产品的创新研发活动，尽管其本身对未来经济社会发展具有基础性作用，但由于个体效益往往小于社会效益，通常社会资本主动投入的积极性并不高。基于其研发成果的准公共性，这类创新研发活动通常由公共财政投入并由公立科研机构主导开展，企业则有选择性地介入。这种传统合作研发模式虽催生了不少创新成果驱动产业发展的成功案例，但也存在企业难以参与重大项目、各方利益诉求割裂等问题。新型研发机构既不是传统科研机构、也不同于以营利为目的的企业，而是衍生于二者交叉融合地带的创新主体。一方面，新型研发机构可以成为企业及社会资本寻求介入创新链全过程的重要接口，企业可以通过参与组建新型研发机构、投入创新资源或参与科研活动等多种方式，转变处于创新链、产业链末端的发展劣势，为长远发展储备面向未来的科技资源和优势力量。另一方面，新型研发机构也是国家战略科技力量吸纳社会资本参与国家重大任务的重要接口，在增强风险规避的可控性的同时，灵活探索科技创新新型举国体制下社会资本的投入模式。

第三节　新型研发机构的特征

新型研发机构凭借市场化的管理和运行机制、专业化的研发和服务体系，逐渐成为创新驱动发展的重要力量。从全球范围来看，新型研发机构已成为新经济时代引领研发方向、促进科技创业、提升自主创新能力的重要引擎。新型研发机构在使命愿景、运行机制等多个方面区别于传统研发机构。把握好新型研发机构与传统科研机构的差异有助于更好地发挥新型研发机构的优势，提升创新整体能效。

一、更加注重投资主体的多元化

早期的新型研发机构多由政府主导、财政支持，机构所需的科研资源、人员也大多来自国家机关、国有企业、事业单位等。从投资主体看，早期新型研发机构的投资主体包括高校、科研院所以及企业等。随着新型研发机构以企业法人为主体形式运作的优势逐步显现，政府、高校、企业合作共建新型研发机构越来越成为一种常态。通过多样化引导社会资金流入，为机构的后续发展注入新鲜血液，提升了新型研发机构的开放性、协同创新性和市场化水平。新型研发机构还可以通过设立基金会、接受社会捐赠、设立联合基金、探索技术入股等方式，拓宽资金来源渠道。

二、更加注重管理制度的现代化

要迅速实现科技自立自强，必须以国家战略需求为导向进行科研布局，提升关键核心技术研发能力，进而提升国家创新体系整体效能。新型研发机构通过一系列制度创新，完善了现代科研院所治理体系，加强了顶层设计，部分破除了体制机制制约，树立了治理意识，构建了治理结构，提高了治理有效性，实现了治理能力现代化。目前，我国新型研发机构采用与国际接轨的治理模式和运行机制，按照《关于促进新型研发机构发展的指导意见》的要求实行理事会决策制和院所长负责制，一般会建立灵活的人才激励和职称评定制度，采用合同制、年薪制、动态考核制、末位淘汰、绩效考核制、股权激励等方式，充分激发科研人员的工作积极性。

三、更加注重与创新链上下游的有机衔接

不同的研发机构具有不同的定位和使命，但都有着明确的职能定位和战略目标，一般通过建立章程明确设立与变更、定位与职责、结构与隶属关系、管理体制和成果形式等。新型研发机构可以有效贯通创新链上基础应用研究、技术产品开发、工程化和产业应用等多个环节，围绕着新型研发机构开展的创新活动可以有效融合全链路创新资源，最终实现从科学到技术再到产业的整合创新。

四、更加注重面向成果的体制机制设计

现阶段高校、企业等依然是我国科技创新的主要载体。受信息不对称、诉求不一致、资源不平衡、分配不合理等多种因素影响，科技创新成果的转化应用率一直维持在较低水平。新型研发机构由产学研多方共

同组建，先天具备一定的市场需求敏感性和科技成果转化能力优势。新型研发机构因其更加重视科研成果应用的属性，更乐于与高校、企业等创新主体构建协同创新体系；高校和科研机构立足于市场需求，着眼产业发展关键技术，提供充足的技术支持供新型研发机构开展集科学研究、技术研发、成果应用与产业化于一体的工作；企业等技术接收方和成果转化方为降低交易成本和提高产品研发效率，结合市场需求情况，直接从新型研发机构中获取可供使用的技术等，形成成果推向市场，实现产业化应用。高校和企业则可依托新型研发机构的平台进行供需对接，完成创新资源的整合。

五、更加注重与国际国内研发力量的开放合作

新型研发机构善于利用国内外的多种创新资源，开展国际化、开放式的开放合作创新，主要体现在以下三个方面。一是整合海外创新资源，发挥自身优势。新型研发机构一般向全球配置创新资源，形成开放协同的创新网络，深入挖掘海外高端高校、顶尖人才、科技型龙头企业等优质资源，吸纳海外优质人才和新技术成果。组织体系向全球开放，人才选拔通过公开竞争的制度进行。二是促进新型研发机构向国外转移科技成果。建立与国外技术转移公司的战略合作，在国外建立创新中心等，向高端化、国际化、市场化发展。三是国际化的建设模式，采用符合国际标准的治理模式和运行机制。

除以上三个方面的重要特征外，新型研发机构在投资主体、主要功能、组织结构、日常运营、合作机制等多个方面也与传统研发机构呈现出显著的差异（见表2-2）。

表2-2 新型研发机构与传统研发机构的比较

维度	传统研发机构	新型研发机构
投资主体	主要由政府投资创办，少数由民间资本创办（非营利）	投资主体多元化：往往由政府、企业、非政府组织共同创办
主要功能	承担基础研究开发和应用研究开发：面向国家重大需求，解决科学前沿问题，一般不承担经营职能	功能多元化：以科研为核心延伸至技术孵化、科技成果转化与产业化、技术投资、产业投资等
组织结构	按任务设计组织架构：采用行政型治理模式，即由出资方（一般为国资）掌握所有权并通过行政权力参与运营	组织机制灵活：往往采用开放式创新模式，普遍采用理事会决策制和院所长负责制，其治理结构采用了"1+N"模式
创新生态	单打独斗为主：研究的重复性、分散性严重，多数传统科研机构都处于单打独斗的状态	注重创新生态建设：在科技成果产出、知识产权归属、行业标准制定等方面明确各方的利益及共享机制，打通"创新链""产业链"促使各成员单位凝心笃行
日常运营	按任务安排日常运营：由创办部门核定经费，或者向有关部门申请经费维持日常运营	有灵活开放的体制机制：有运行机制高效、管理制度健全、用人机制灵活、自主经营、独立核算等特征
合作机制	部分开放：对于与营利机构或境外机构的合作抱审慎态度，合作过程中存在体制机制阻碍	充分开放：组织体系面向全球开放，采用与国际接轨的治理模式和运行机制

第四节 新型研发机构的分类

《关于促进新型研发机构发展的指导意见》从实践层面对新型研发机构的认定和规范给出了一些可行、通行的建议，各省（区、市）根据自身条件基础和产业需求出台了形态各异的新型研发机构认定标准。新型研发机构在组建方式、法人身份、主导功能和治理模式等方面还未形成统一的划分标准，政府、业界和学术界对其分类标准也并没有形成共识。这就造成各个省（区、市）在新型研发机构的建设实践中，根据各自优势探索出了诸多不同的发展模式，建立了不同形式的新型研发机构。

一般认为，研究机构可以分为事业单位型、现代企业型和新型研发机构型（见图2-2）。不同类型的研究机构其内部职能部门设计存在着本质的不同，尤其是新型研发机构在管理、决策、绩效评价、薪酬等方面均与传统科研院所不同。根据发展阶段、投资主体、功能定位、单位

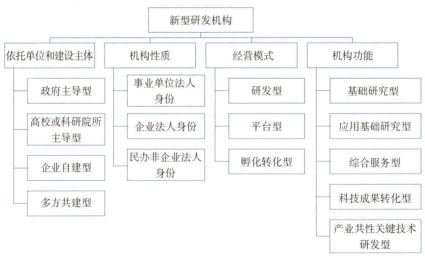

图 2-2 新型研发机构的分类

性质、组织架构等分类标准可以将新型研发机构分为不同的类别，它们在治理机构、业务范畴和职能定位上呈现不一样的特征。因此，本节将对新型研发机构进行类型划分，阐述不同类别新型研发机构的主要特征，为后文分类研究提供依据。

需要指出的是，本节对新型研发机构的分类仅为学理上的，各类别之间不具有排他性，一家新型研发机构可以同时属于本节所讨论的分类标准中的一类或者几类。另外，考虑到新型研发机构在运行过程中的灵活性和多样性，随着新型研发机构的不断发展，也必将会有新的分类标准或现有分类标准中会有新的类别出现。本节所讨论的分类标准仅为基于现有情况进行的论述，但并不影响结论对于新型研发机构分类管理的启示意义。

一、依据建设主体的分类

根据主要依托单位和建设主体不同，新型研发机构可分为政府主导型、高校或科研院所主导型、企业自建型以及多方共建型。政府主导型是指由地方政府的职能部门单独组建，或由地方政府联合高校、科研院所或企业共同创建，但以地方政府为主导的研发机构。其负责人及管理人员一般由政府相关管理部门直接委任，机构主要面向当地产业需求，其职责在于引领当地产业的发展。江苏省昆山市工业技术研究院属此类型。

高校或科研院所主导型是指由高校或科研院所与地方政府或企业共同建设的新型研发机构，以大学和科研院所为主要依托单位，一般建在大学周边，以高校或科研院所经营管理为主，深度对接产业，旨在促进科技成果产业化，帮助高校对接产业发展需求，衔接应用研究和基础研究。中国科学院苏州纳米技术与纳米仿生研究所就是比较典型的科研院所主导型新型研发机构。

企业自建型是指企业或其他单位自行筹建的新型研发机构，其中企业为主导，致力于为企业科技创新服务。这类研发机构多建立以企业作为需求主体、投资主体、管理主体和市场主体的"四主体联合"的新型研发中心，具有市场导向性强、研发目标清晰、产业化应用快、研发经费充足、科技成果转化顺畅等特点。深圳光启高等理工研究院就是其中的典型代表。深圳光启高等理工研究院自成立以来，专注于面向超性能电磁调制能力的超材料底层科学研究，紧紧围绕着超材料的应用方向，打通了超材料的全产业链条，成功将超材料由"实验室研究"推进至"产业化应用"，在全球率先实现了超材料大规模量产和在我国尖端装备领域的全面应用，引领了超材料技术的创新发展，使我国超材料技术的研发和应用位居国际领跑地位，是典型的企业自建型新型研发机构。

除以上三种类型外，近年来随着新型研发机构体制机制改革的不断深化，多方共建型新型研发机构作为一种新的组织类型在数量上呈现不断增加的趋势。此类新型研发机构可以将某一地区关联度较高、研究方向相近、资源相对集中、产业链较完整的研发机构进行优化整合，较易形成创新资源和科研优势叠加的研发"合力"，快速产生重大成果。

二、依据机构性质的分类

按照新型研发机构的机构性质可以分为事业单位法人身份、企业法人身份和民办非企业法人身份三种类型。事业单位法人身份的新型研发机构由机构编制部门审批设立，一般由地方政府联合大学或科研院所建立，如清华大学深圳研究院、中国科学院深圳先进技术研究院等。这一类新型研发机构从身份上来说仍旧是事业单位，因此需要接受政府按照事业单位的要求指导，其一般也符合不以营利为目的、不以经济利益的获取为回报的事业单位特征。

企业法人身份的新型研发机构是通过工商注册的企业，一般采用股份公司制，市场化运作。由企业发起组建的新型研发机构一般即属于此类。需要注意的是，企业身份的新型研发机构不同于企业下属的研发机构或企业合办的研发机构，两者最主要的不同在于运作模式的区别。企业下属或企业合办的研发机构（部门）仍然处在企业的管理体系下，人、财、物的调配往往基于短期效应最大化原则，服务于企业的发展愿景，受企业内部管理制度制约，因而无法最大化地发挥创新效能。企业身份的新型研发机构则独立于企业之外，不需要完全遵照企业的规章制度运行，在资源调配上拥有更大的自主权，这样就可以以科研效能最大化为目标科学设计运行机制，促进其创新潜能的释放。

科技类民办非企业法人身份的新型研发机构是由政府、企业等共同出资组建的非营利性社会组织。根据有关要求，科技类民办非企业单位应依法进行登记管理，运营所得利润主要用于机构管理运行、建设发展和研发创新等，出资方不得分红。因此，科技类民办非企业法人身份的新型研发机构与企业法人身份的新型研发机构最主要的不同点在于，其并非要以盈利为最终目标，而是将向举办人提供科技成果或向社会输出应用成果等作为主要的工作目标，发挥新型研发机构在科技创新资源整合、人才培养等方面的外部效应。

三、依据机构经营模式的分类

按照新型研发机构研发功能实现的不同途径可以分为研发型、平台型和孵化转化型。研发型新型研究机构是以科学研究、技术开发、技术转化、人才培养为核心，围绕某一专门或共性课题进行研发，在一个相对独立的环境下运行的新型研发机构。这一类新型研发机构侧重科学研究、应用技术开发等活动，一般在成果转移转化方面投入精力较少，因此创收能力不强，需要依靠外力解决研究基础设施建设和研发资金投入问题。如《杭州市新型研发机构管理办法》中就对这一类研发机构作出了明确的要求："研究开发型新型研发机构侧重科学研究、技术开发等活动，原则上年均科研经费投入不低于1000万元，具备承担国家、省、市重大科研计划项目的能力；科研人员不少于40人，其中具有硕士以上学位或高级职称的比例不低于40%；办公和科研场地面积不少于1000平方米，科研仪器设备原值不低于1000万元"。与此相对的是，研发型研究机构一般具有较强的研发能力，可以较好地完成原始创新任务。

平台型新型研发机构是以平台为主的新型研发机构。该类新型研发机构通过构筑聚焦创新链中下游的科技转化、资源对接等桥梁，形成技术转移、创业孵化和核心技术产业化等功能。新型研发机构可以充分利用机构的平台优势，面向产业发展、背靠创新资源、引入金融资本，建立"政策+创新+产业基金+风险投资或私募股权投资"的新机制，为科技成果产业化提供全链条服务支撑，大幅提高了科研成果转化效率。依托创新成果转化新机制，吸引相关专业机构进入平台，构建专业化技术转移和产业创新体系，加快推动关键原创技术在产业中应用，提供各类科技技术服务和科技型企业的孵化与育成。在创新文化上，论文、专利不是这一类机构绩效评价的唯一指标，平台型研发机构一般更加强调科研的实效性和经济效益，因此在创收能力上要强于其他类型的新型研发机构，其发展也更不容易受到外界影响。

孵化转化型新型研发机构是以成果转化为主要工作目标的新型研发机构。这一类新型研发机构有机融合了"应用研究-技术开发-产业化应用-企业孵化"科技创新链条，主动布局前沿科技、交叉领域、跨界创新等新型创新模式，保证了科技成果产业化链条的通畅以及产业发展对科研的反哺。如《杭州市新型研发机构管理办法》中就对这一类研发机构作出了明确的要求："孵化转化型新型研发机构侧重科技型企业孵化培育、科技成果转移转化等活动，两年内孵化（引进）科技企业不少于5家；原则上年均科研经费投入不低于200万元，科研人员不少于15人，具有硕士以上学位或高级职称的比例不低于40%；办公和科研场地面积不少于1000平方米，科研仪器设备原值不低于200万元"。

四、依据机构功能的分类

按照新型研发机构在创新链上的位置可以分为基础研究型、应用基础研究型、综合服务型、科技成果转化型和产业共性关键技术研发型。基础研究型新型研发机构主要任务是完成各种理论研究，为后续各类研究提供理论支持。这类机构一般都需要具备较强的资源集聚和关键技术问题攻关能力，一般由高等院校、科研单位和企业组建，以培育具有自主知识产权、在国内外学术界影响大、竞争力强的重点领域的核心技术，带动相关行业发展，对于推动区域经济增长和促进国家战略目标实现具有十分重要的作用。以中国科学院深圳先进技术研究院为例，该研究院周围分布着深圳大学、南方科技大学、北京大学深圳研究生院、哈尔滨工业大学深圳校区等实力强劲的研发机构，为该院提供了人才和技术储备。

应用基础研究型新型研发机构一般针对某一特定的实际目的或目标开展研究，主要围绕技术研发开展活动，研发投入较高，研发实力较强。一般以集群的形式完成资源整合，具备较为开放的创新网络。其主体包括企业、大学、科研院所、金融机构等组织。通过联盟方式共同推进产品和服务创新。以海尔集团HOPE创新服务平台为例，该平台不仅面向企业内部，同时也对企业外部开放，这样一来就有效调动了外部资源解决企业内部的问题。

综合服务型新型研发机构侧重从技术研发到产业发展的创新全过程，技术研发、产业孵化、技术服务能力均较为突出。该类新型研发机构掌握较多优势创新资源，具有较强资源整合能力，能够准确对接市场需求。在此基础上，通过引进先进科学管理模式和人才队伍，建立起符合现代企业制度要求的公司治理结构和运行机制，实现科技成果向生产力转移。同时，该类新型研发机构积极推动与相关高等院校开展联合培养、共建联合实验室，并利用自主知识产权的核心技术，形成一批具备国际竞争力的专业性、应用型、研发型的新兴学科和产业。

科技成果转化型新型研发机构一般通过专业化技术转移体系和完善的成果转化体制机制开展技术服务，加快推动科技成果向市场转化。这类新型研发机构的优势在于紧跟市场环境的变化和导向，积极探索将科研成果转化融入产业发展的新途径，以技术能力的商业开发促进科技成果转化，形成良性循环的创新生态系统。

产业共性关键技术研发型新型研发机构一般通过产业共性关键技术

研发以及与之密切相关的科技成果转移转化和技术服务，加快推进技术的应用与产业化，为中小企业提供技术支撑与科技服务。不同于国家工程实验室、工程研究中心等承担的基础共性技术研究工作，新型研发机构更多地通过实施关键核心技术攻关工程，通过搭建共性技术研发平台的方式在以往共性技术研发组织上向前端和后端延伸。产业共性关键技术研发型新型研发机构重点解决前端的基础研究与基础共性技术、中端的关键共性技术与瓶颈技术、后端的一般共性技术与工程技术问题，最终实现产业共性技术研发前端、中端、后端的贯通。

3

第三章

沿革之路
从野蛮生长到有序繁荣

作为一种新兴科研组织形态，新型研发机构发展已有二十余载。这期间，新型研发机构经历了从无到有、从有到优、从零散到成体系的发展历程。从开始"摸着石头过河"的艰难求索到如今组织化建设、差异化经营，新型研发机构蹚出了一条富有中国特色的建设之路。

第一节　我国新型研发机构的发展历程

中华人民共和国成立后，我国大力发展科学技术事业，借鉴苏联模式，广泛吸收先进技术经验，以举国之力开展科研攻关，在航天、基础设施建设等领域取得了惊人的建设成效，涌现出"两弹一星"、南京长江大桥等重大工程成果。然而，单纯以计划方式进行科研管理无法调动市场积极性，难以激活科技创新内生动力。因此，国家开启了大刀阔斧的科技体制改革。在众多富有探索性的尝试中，建设新型研发机构是推进科技体制改革的一项重要举措。

在世界各国和地区的科技体制创新过程中，不乏各类成功案例。其中，德国的弗劳霍恩协会、美国的国立科研机构、日本产业技术综合研究所等都给我国新型研发机构建设提供了经验参照。在科研机构转型初期，很多机构以产业技术研究院、工业技术研究院命名。综合以上维度，我国逐步探索出了一条属于自己的新型研发机构发展之路。章熙春等人认为，新型研发机构发展受到国际竞争形势、国家政策导向、经济发展需求和科研体制改革等多个维度的因素影响。

本书根据新型研发机构发展规律将其发展历程分为五个阶段，分析各个阶段机构发展所处的政治、经济等环境，列举该阶段具有代表性的新型研发机构，并探讨新型研发机构发展的阶段性特征。具体来说，我国新型研发机构发展可分为孕育期（1995年及以前）、萌芽期（1996—2009年）、探索期（2010—2014年）、发展期（2015—2018年）和成熟期（2019年至今）五个阶段。

一、孕育期：改革东风中"悄然生根"（1995年及以前）

改革开放前，在"科学国家化"理念的指引下，我国科技管理模式带有浓郁的计划色彩。尽管这种模式在时代背景下最大限度地调动了我国的科研资源，并促成了大量国家科技成果的产出，但这种模式不利于发挥科研活动的自主性，科技体制改革的需求日益迫切。改革开放后，在中共中央、国务院的推动下，我国全面开启了科技体制改革进程。1985年中共中央发布《关于科学技术体制改革的决定》，指出"长期以来逐步形成的科学技术体制存在着严重的弊病，不利于科学技术工作面向经济建设，不利于科学技术成果迅速转化为生产能力，束缚了科学技术人员的智慧和创造才能的发挥，使科学技术的发展难以适应客观形势的需要"。针对科技体制中的弊病，《关于科学技术体制改革的决定》从运行机制、组织结构和人事制度等方面提出了系统的改革措施，强调了改革拨款制度、开拓技术市场的重要性，指出要兼顾国家重点项目计划管理和市场自身能动性激发，营造出有利于构建科研协同创新体系、催生鼓励科研人才流动和创新的科研环境。1995年，中共中央、国务院在《关于加速科学技术进步的决定》中指出了科技体制要适应社会主义市场经济体制和科技自身发展规律、服务于国民经济建设的重要性，指出了通过科技体制改革实现国民经济增长从外延型向效益型转变的思路，确立了科教兴国战略，提出了"稳住一头，放开一片"的改革方针，开展了科研院所结构调整的试点工作，在提高政府对科技活动的财政投入基础上，对科技投入的结构进行优化，并加大对院所管理制度的调整力度，促进研究机构的定位和人员分流。这一系列政策实现了科研管理体制改革的良好开端，为部分研发机构市场化转型奠定了良好的基础。

1978年，在"四个现代化"原则的指引下，我国建立了社会主义市场经济体制，经济发展开始步入快车道。根据《中国统计年鉴》（1999）数据[1]，从1978年到1995年，我国的国内生产总值（GDP）[2]从3624.1亿元增长到58478.1亿元。经济实力的全面提升为我国科技事业的发展奠定了良好的基础。一方面，随着国家对科技事业的重视度日益提升，国家科技经费投入获得了大幅提升。根据《中国统计年鉴》（1999）数据[3]，1978年我国国家财政科研拨款为52.89亿元；到1995年，国家财政科研拨款已增长至302.36亿元。有了充足的经费保障和丰富的人才供给，我

---

① 详见《中国统计年鉴》官方网站。

② GDP对应当年度价格水平。

③ 详见《中国统计年鉴》官方网站。

国科技事业得以蓬勃发展。另一方面，市场经济体制为科研管理创新提供了制度保障和动力来源。在市场经济环境下，企业等私营部门产生的技术需求成了经济对科技拉动的全新动力。以产业现代化和产业基础再造为导向的技术创新成了科技工作者全新的目标和使命。如何让科技进步更好地服务于经济发展，解决科技和经济发展"两张皮"的现象，成了科研机构管理改革探索的全新命题。

这一时期，尽管严格意义上的新型研发机构尚未诞生，但新型研发机构发展所需的土壤已到位。科技管理体制的改革使科研组织模式的创新有了制度空间，改革开放带来的经济高速增长给科技发展带来充足的经费保障，市场经济体制下私营部门的壮大以及随之产生的技术需求给研发机构转型带来了内生动力。同时，从外部环境来看，发达国家、地区的创新型科技组织批量涌现，科研组织模式创新已成为必然趋势。可以说，在政治、经济和技术环境的全面变革下，新型研发机构的建设已经"悄然生根"。

二、萌芽期：地方求索中"破土而出"（1996—2009年）

随着市场经济的不断发展，市场在各类要素配置中的核心作用不断凸显。建立适应社会主义市场经济体制和科技自身发展规律的新型科技体制成为我国科技体制改革的核心方向，在科研机构市场化转制的背景下，新型研发机构开始萌芽。

1999年，中共中央、国务院发布《关于加强技术创新，发展高科技，实现产业化的决定》，旨在通过深化改革从根本上形成有利于科技成果转化的体制和机制，推动社会生产力跨越式发展。《关于加强技术创新，发展高科技，实现产业化的决定》进一步突出了企业技术创新的主体地位，推动了应用型科研机构和设计单位实现企业化转制，大力促进了科技型企业的发展。加速科研机构转制的决定为培育新型研发机构提供了良好的制度环境。2006年，《国家中长期科学和技术发展规划纲要（2006—2020年）》明确了科技发展必须坚持自主创新的发展基调，围绕11个重点领域，部署了若干重大任务，主要包括确立企业的技术创新主体地位、推行现代科研院所制度等，持续推进中国特色社会主义国家创新体系的建设工作，培育强大且稳定的创新动力。在一系列科技政策的推动下，我国科技事业进入了大发展的机遇期。

另外，在我国不断融入全球化发展格局的进程中，由于关键核心技术缺失，我国生产企业只能通过劳动力比较优势从事低附加值、高能耗的低端制造业，承接全球产业链低端职能，同时因为向技术所有方支付高昂的专利费用而获利微薄。相比发达国家，我国科技要素生产率低下，技术进步、产业培育和经济发展的结合度不高。根据冯玉明等人的测算，1996年美国的科技进步贡献率已达49%，而中国仅为25%。如若不通过源头创新加强产业技术供给，我国产业现代化和产业升级之路将无从谈起。加强产业技术源头供给、以技术转移转化促进产业升级改造成为新阶段科技发展的关键。在我国经济的"活力之窗"广东深圳，为突破高新基础产业发展的瓶颈，地方政府积极探索科研机构建设全新模式，合作成立了深圳清华大学研究院、中国科学院深圳先进技术研究院等中国第一批新型研发机构。这些承担着产业共性技术开发和科技成果转移转化职能的新型研发机构，不仅有效促进了科技成果转化和产业化，成为支撑高新技术产业发展和地方经济发展动力转换的破题之法，更使广东省成为全国新型研发机构建设的发源地，为全国新型研发机构树立了标杆。这些新型研发机构的创新探索，例如理事会治理架构、产学研协同创新推动成果转化的机制设计，被新型研发机构建设的后继者们广为吸收借鉴。

自此，新型研发机构正式"破土而出"，进入公众视野。但作为新生事物，新型研发机构建设尚属于个别地方先行先试的探索，未扩散至全国范围，总体建设进程缓慢。在区域分布上，首批新型研发机构局限于深圳等历史改革基因突出、市场机制活跃、营商环境优越、经济发展基础较好的沿海城市。在建设导向上，这一时期的新型研发机构以保障企业技术供给为主要目的，功能定位和主要研发领域均相对有限；在研发思路上，较多机构采用了引进先进技术进行改良、推进产业化的思路，自主创新能力相对薄弱。

三、探索期：互相借鉴中"枝蔓横生"（2010—2014年）

随着新型研发机构建设不断涌现出成功案例，这一创新性科研组织模式开始受到重视，新型研发机构开始进入公共政策话语体系，在中央和各地的协同推进下，我国掀起一股新型研发机构"建设热潮"。

2010年，《中关村国家自主创新示范区条例》率先提出支持战略科学家领衔组建新型科研机构，促进产学研深度融通[①]。2012年，时任科技部部长万钢在全国人民代表大会和中国人民政治协商会议上提出"新型研发（科研）机构"一词，指出新型研发机构要"以多学科知识和技

---

① 尽管1996年全国教育委员会印发的《全国普通高等学校人文社会科学研究"九五"规划要点》提及新型科研机构，但鉴于该文件中的"新型科研机构"更多定位为以应用对策研究为主的社科类研究机构，和常规语境下的新型研发机构概念不甚相符，故本书中不将其归类为新型研发机构相关政策。

术创新作为其主要生产经营活动，以跨行业产品创造作为主营业务范围，以知识密集的人力资源作为主要资本结构，以多样化的创新服务作为主要商业模式，显示出强劲的创新活力"。

同时，随着中央的关注度持续上升，各地也密集出台各类鼓励新型研发机构建设的相关政策，布局新型研发机构建设。2014年6月，广东省印发《中共广东省委 广东省人民政府关于全面深化科技体制改革加快创新驱动发展的决定》，提出要培育一批新型研发组织，通过制定新型科研机构管理办法，出台相关扶持政策措施，为新型研发机构建设发展提供强有力的制度保障。2015年，广东省发布《关于支持新型研发机构发展的试行办法》，这是全国范围内省级层面出台的首个新型研发机构政策文件，对新型研发机构的定义作了详细阐释，肯定了新型研发机构作为生力军，对加快推进创新驱动发展的突出作用，为全国其他省（区、市）制定关于新型研发机构的政策文件作出了重要示范。此后，江苏、浙江、安徽等省份陆续把支持产业技术研究院等新型研究机构发展列入了"十二五"科技发展规划，成为我国新型研发机构培育建设的"排头兵"，对推动科教兴国战略和人才强国战略落实落地，充分发挥科技进步、产业创新的影响力，加快我国经济发展方式转变升级起到了重要的支撑作用。

在中央和地方政策的倡导下，各地纷纷加快了新型研发机构建设进程。新型研发机构布局不再囿于深圳、东莞、佛山等几个广东沿海城市，而开始向京津冀、长三角和珠三角区域等多个区域扩散，其中江苏、湖北两省于2013年开始全面建设新型研发机构，并迅速加入了国内新型研发机构建设省份的第一梯队。在各地紧锣密鼓地建设新型研发机构的过程中，一批优秀的新型研发机构逐步涌现，如深圳光启研究院、华大基因研究院和江苏省产业技术研究院等。这一批新型研发机构从底层技术需求出发，在注重知识产权突破的同时加快了产学研全链创新体系的构建，在放大研发动力的同时推进了技术转移转化，对经济发展大有裨益。

从广东首创到多省（区、市）争创、从服务企业到服务产业，探索期的新型研发机构布局范围更宽广、建设目标更多元、建设模式更灵活。在地域范围上，我国新型研发机构多点散发，如雨后春笋般蓬勃生长；在建设目标上，随着"跨区域、跨行业、多学科、多样化"成为政策设计主线，区域创新和交叉创新成为这时期新型研发机构建设的重要牵引；在建设模式上，各地相互借鉴、互相取经的模式有效提升了新型研发机构建设效率。广东省、江苏省等先行先试积累的建设经验在推动全国新型研发机构发展方面起到重要引领示范作用。

当然，这并不意味着新型研发机构的建设是一条坦途。在新型研发机构粗放式发展的过程中，由于政策出台滞后、执行力度不足和机构管理不善等原因，部分新型研发机构出现了建设停滞、空心运转、方向偏移等一系列问题，导致中途夭折或资格被撤，新型研发机构迫切需要更科学的指导和更规范的管理。

四、发展期：创新驱动下"欣欣向荣"（2015—2018年）

伴随着资源、人口等要素红利逐步消失，我国经济增长开始放缓、投资和出口动能均开始衰退、环境压力加剧等经济增长遗留问题不断凸显。出口方面，经济危机使西方主要经济体出现了不同程度的经济下行，外部需求下降导致我国出口贸易增速放缓，外向型经济增长动力减弱。投资方面，由地产经济、基础设施投资贡献的经济增长留下的制造业产能过剩等问题尚未解决。环境方面，长期以来"粗放式发展"遗留的环境压力加剧等隐患开始暴露，粗放式经济发展模式已不具备可持续性。为避免经济出现"硬着陆"，我国亟须寻找全新的经济增长点。技术创新所具备的高附加值、低替代度和突破边际报酬递减规律特性，以及技术进步在经济发展实践中的有效性证明，科技创新成为我国经济发展新阶段的必然选择。在创新驱动发展战略的背景下，新型研发机构发展迎来了新一轮的机遇。

2015年，《中华人民共和国促进科技成果转化法》的修订，进一步激活了科研院所和科研人员的创新活力，极大地鼓励了广大科研院所和科研人员将科技成果转化为现实生产力，加速推动了我国科学技术进步，全面助力了我国经济建设和社会发展。同年，中共中央、国务院印发《深化科技体制改革实施方案》，对科技体制改革和创新驱动发展作出了全面部署，作出"推动新型研发机构发展，形成跨区域、跨行业的研发和服务网络，制定鼓励社会化新型研发机构发展的意见"的重要指示，推出了一系列重大改革举措，打通了科技创新与经济社会发展通道，最大限度地激发了科技作为第一生产力、创新作为第一动力所蕴藏的巨大潜能。《深化科技体制改革实施方案》是国家层面第一次出台鼓励新型研发机构发展的指导方案，旨在激发新型研发机构创新活力，激活新型研发机构造血功能。2016年5月，中共中央、国务院印发《国家创新驱动发展战略纲要》，提出"发展面向市场的新型研发机构。围绕区域性、行业性重大技术需求，实行多元化投资、多样化模式、市场化运作，发展多种形式的先进技术研发、成果转化和产业孵化机构""明确各类创新主体在创新链不同环节的功能定位，激发主体活力，系统提升各类主体创新能力，夯实创新发展的基础"。至此，新型研发机构这种面向市场的创新组织形式正式出现在国家纲领性文件中，在解决科技经济"两张皮"问题中担任关键角色、发挥更大作用。2016年8月，《"十三五"国家科技创新规划》提出"发展面向市场的新型研发机构""鼓励和引导新型研发机构等发展""制定鼓励社会化新型研发机构发展的意见"，推动构建更加高效的科研组织体系，大力推进科技创新。与以往的国家科技规划不同，这是首次以国家科技创新规划命名，规划内容七次明确提及"新型研发机构"，充分体现新型研发机构在推动产业变革、构建现代技术体系过程中的突出地位，充分彰显新常态下科技创新对我国高质量发展的核心引领作用。2018年政府工作报告中进一步强调要"涌现一批具有国际竞争力的创新型企业和新型研发机构""我国科技创新由跟跑为主转向更多领域并跑、领跑，成为全球瞩目的创新创业热土"。

国家层面有关新型研发机构政策文件的出台，有力带动了一些省（区、市）出台新型研发机构指导文件，使得新型研发机构建设逐渐有序化。各省（区、市）相关部门大多基于概念界定、基本性质、业务功能、人才管理、运营治理等方面制定关于新型研发机构的认定规则、管理办法、支持政策、指导意见。2016年福建省人民政府发布《福建省人民政府办公厅关于鼓励社会资本建设和发展新型研发机构若干措施的通知》，鼓励支持社会资本参与建设和发展新型研发机构；2017年江苏省、广东省、内蒙古自治区先后出台关于新型研发机构的认定管理办法，扶植培育新型研发机构，促进本省（区）新型研发机构健康发展；2018年河北省、天津市、吉林省步入加快建设新型研发机构的行列，颁布系列相关指导文件，为新型研发机构的蓬勃发展提供制度保障。在各类规范性政策频繁出台的背景下，各类高水平新型研发机构和高能级创新平台持续涌现，例如之江实验室、鹏城实验室、北京石墨烯研究院等。

这一时期，新型研发机构对我国科技创新能力的支撑作用稳步提升。随着各级政府对于新型研发机构的关注度持续上升，各地机构建设进入密集活跃期，空间布局逐渐由"点"到"面"，大有"星火燎原"之势。新型研发机构在各类规范性文件的指导下形成了一套较为规范的运行管理模式，政府等建设主体通过统筹要素资源配置、明确机构发展定位、落实制度化规范管理，为新型研发机构的发展壮大营造了良好的外部环境，形成各环节协同推进的良性创新生态系统，引导各新型研发机构立足实际，朝着特点鲜明、优势互补的方向发展，有力推动了新型研发机构进行跨区域研发合作，积极促进科技成果转移转化和国际的交流合作。新型研发机构的飞速发展，不仅有力地补充了我国传统研发体系的现实缺口，更优化了我国协同创新生态，推动了我国国家创新体系的自我净化、自我变革，呈现出一派井然有序的繁荣图景。

五、成熟期：科学春天里"万物生辉"（2019年至今）

新冠肺炎疫情与百年变局的交织，深刻重塑了全球竞争格局和经济治理体系，面对新的不确定因素，如何实现我国国家安全自主可控、实现经济社会高质量发展，成为改革攻坚期国家治理中重要且迫切的命题。

新问题需要新思路，实现科技自立自强，促进科技创新和经济社会发展深度融合，正是破解改革难题的"一剂良药"。第一，科技创新是实现国防安全的必要条件。实现关键核心技术自主可控已成为影响我国国防安全和经济发展的根本问题之一，也成为新发展阶段下科技创新的核心任务。第二，科技创新是实现我国经济社会高质量发展的必然选择。促进经济社会发展方式转变需要我国尽快完成新旧动能转换。通过加强产业共性技术研究，为产业发展提供技术供给和保障，有利于促进产业优化升级、加速产业基础高级化和产业链现代化，进而扩大产品市场，为构建内部大循环主体夯实基础，为经济发展注入新动能、新活力。

新时期科技创新呈现出新规律、新趋势，科技创新竞争加剧、节奏加快，交叉创新领域成为重大成果主要产出地，重大科技基础设施成为科研创新的重要牵引，数字支撑成为科技创新重要手段，这些规律、趋势使传统科研组织模式落后于时代需求，对科研院所转型提出了更迫切的要求。新型研发机构在科研组织、人员管理、数字化建设等方面所具备的灵活机制优势，和其在使命定位上高度贴合国家战略和经济社会发展需要的特质，使其成为新时期最具竞争力和发展潜力的科研机构。因此，加快新型研发机构发展已经成为国内的重要共识。

2019年9月，为深入实施创新驱动发展战略，推动新型研发机构健康有序发展，提升国家创新体系整体效能，科技部制定《关于促进新型研发机构发展的指导意见》。这一以新型研发机构命名的指导意见，从概念界定、重点布局、组织规程、运行管理等各个方面对促进新型研发机构发展作了全面部署，并对新型研发机构培育建设工作作出顶层设计，有力推动我国科研机构的管理现代化和机制市场化，加快了相关体制机制改革创新的步伐，有利于充分调动全社会科技创新资源，加快实现我国由科技大国向科技强国的转变。2020年3月，《中共中央国务院关于构建更加完善的要素市场化配置体制机制的意见》，提出要"支持科技企业与高校、科研机构合作建立技术研发中心、产业研究院、中试基地等新型研发机构"，鼓励合作推动新型研发机构协同创新。同年

7月，国务院印发《关于促进国家高新技术产业开发区高质量发展的若干意见》，提出积极培育新型研发机构等产业技术创新组织，着力提升国家自主创新能力，为国家高新技术产业开发区高质量发展增添创新动能。2021年3月，《中华人民共和国国民经济和社会发展第十四个五年规划和2035年远景目标纲要》发布，我国在"两个一百年"的历史交汇点上，制定科技强国行动纲要，健全社会主义市场经济条件下新型举国体制，打好关键核心技术攻坚战，提高创新链整体效能，加快构建以国家实验室为引领的战略科技力量，此纲要进一步指明新型研发机构的发展方向，即投入主体多元化、管理制度现代化、运行机制市场化、用人机制灵活化，以科技高质量发展助力"十四五"开好局、起好步。2021年11月，中国共产党第十九届中央委员会第六次全体会议在北京举行，会议强调国家科技实力跃上新台阶，要推进科技自立自强，推动高质量发展，促进共同富裕，为新时代加快我国新型研发机构建设，开创国家科技创新体系新局面提供了坚强思想保障、注入了强大精神力量。

在中央政府、地方政府和市场要素的合力推动下，我国新型研发机构建设发展逐步进入成熟阶段，全国各地新型研发机构面向世界科技前沿，促进科技与经济深度融合发展，推动经济社会高质量发展，在国家和区域创新驱动发展中日益发挥出重要的战略作用。新型研发机构的进程从注重"量"的增加转向注重"质"的飞跃，从而为促进科技创新体制机制改革，加快转变发展方式，优化经济结构，以科技创新驱动高质量发展发挥更重要作用。新时期的新型研发机构建设有两个最明显的特征：一是新型研发机构的外部发展环境已构建完善。政策方面，虽然中央早在2010年就颁布鼓励新型研发机构建设的相关文件，但直到2019年科技部发布《关于促进新型研发机构发展的指导意见》之前，尚无专门针对新型研发机构建设管理的文件，《关于促进新型研发机构发展的指导意见》对"什么是新型研发机构"和"怎么建设新型研发机构"两个重要问题给出了权威回答，使地方政府制定新型研发机构管理政策有章可依，使各地建设新型研发机构有据可循；经济方面，新发展格局下科技创新成为经济发展的核心动能，国家对于科技投入、科技体制改革、科研人才引进的空前重视都为新型研发机构建设提供了前所未有的良好环境；学术研究方面，学术界对于新型研发机构的研究持续深入，对新型研发机构协同创新坏境构建、体制机制障碍、政策体系设计、发展态势和发展趋势等方面进行了多点深入的研究，给新型研发机构建设和政策设计提供了更为多元的视角和更为专业的建议。从此，新型研发机构建设开启体系化、科学化的阶段。二是具有自我进化能力的新型研发机构生态基本形成。新型研发机构经过"孕育期"的经验积累、"萌芽期"的模式探寻、"探索期"的系统改良和"发展期"的规模运营，到新阶段已经演变出一套更为高效、更加成熟的发展模式，形成多层次、多模式、多功能的新型研发机构体系，行业影响力和话语权不断提升，在国家创新体系和区域发展战略中占据了更为重要的地位。从机构层次来说，既有省级新型研发机构，又有地方新型研发机构，分别面向不同层次的科研战略需求建设；从建设模式来说，存在政府主导，高校设立，企业孵化和校地、院地共建等各种类型；从功能定位来说，有面向国家战略核心技术攻关的，有立足产业共性技术发展的，也有提供创新服务促进产学研深度融合的，机构定位跨越创新链全链。其中，有承担多项创新链功能的广谱系新型研发机构，也有聚焦创新链某一环节职能的窄谱系新型研发机构；从研发领域来说，新型研发机构在各传统学科和新兴学科领域都有所布局，在增强传统科学力量的同时，为探索学科交叉融合下的科研组织范式变革提供了新鲜的经验，加速了科研产出效率。新型研发机构，在规模庞大、层次分明、性质多元、功能多样的体系优势牵引下，已逐步演化出"错位竞争、能力互补、自我进化"的机构群落生态，势必会成为国家创新体系的中坚力量。

纵观我国新型研发机构的发展史，新型研发机构用二十多年时间从性质不明、定位不清的新生事物成长为科技创新体系的重要构成，其发展速度之快、承担职能之多、辐射范围之广、带动能力之强，在世界范围内都颇为罕见，充分证明了这种科技创新组织模式的科学性和有效性。新型研发机构的迅速成长，既是顺应科技创新趋势和经济发展规律的客观选择，也是政府和各创新主体积极发挥创新主观能动性的主动实践。无论是中央政府、地方政府还是各类创新主体，都在"摸着石头过河"的逐步探索中形成了清晰的建设思路。从国家层面来看，建设新型研发机构符合我国科技管理体制改革和创新动力转换的客观需求。我国在科技体制改革的不断深入过程中，形成了多维度、多层次、多类型的科技创新政策体系，其中既有以指导新型研发机构建设为导向的需求型政策，有破除各项制度束缚的供给型政策，也有产学研协同创新环境的环境型政策等。这些政策协同发力，为新型研发机构的培育奠定了良好的发展环境，为新型研发机构开展体制机制创新提供了广阔的空间，也为机构发展提供了明确的创新导向；从地方层面来看，一些技术、经济和社会发展情况较好的地区先行建设新型研发机构，在探索中总结出符合区域实情的新型研发机构发展模式并积极运营推广，为国家总结经验并上升为政策供给提供了良好的先期经验。一些地区在政府的号召下广泛建设新型研发机构，立足地区特色开展错位竞争，为形成良性互补的新型研发机构群落生态作出贡献；从各类创新主体来看，政府、高校、研究院所和企业的科技创新资源禀赋和需求各不相同，因此在建设新型研发机构过程中存在多元视角和多样思路，政府以提升区域竞争力和产业发展水平为出发点统筹布局，高校利用自身学科建设资源有效组织、发挥基础研究优势开展前沿探索，企业立足自身技术需求，挖掘资金优势开展应用研究和成果转化。除此以外，各种技术中介、技术服务机构、产学研合作基地的涌现为新型研发机构整体生态补上空白点，使机构群体迸发出可持续发展的有机活力。

第二节　我国新型研发机构的现状与布局

目前，我国新型研发机构呈现出成立迅速、分布广泛、业务多元、模式多样的特征，本节将从建设进展、空间分布、治理模式和业务范围4个维度介绍我国新型研发机构的发展现状。

一、新型研发机构的建设进展

近年来，在国家政策和地方探索的合力之下，新型研发机构建设不断加速。据本课题组基于各省（区、市）官方披露数据的不完全统计，截至2021年11月底，我国新型研发机构共计2375家[1]。如图3-1所示，1996年至2000年成立的新型研发机构占比为2.07%；2001年至2005年成立的新型研发机构占比为3.80%；2006年到2010年成立的新型研发机

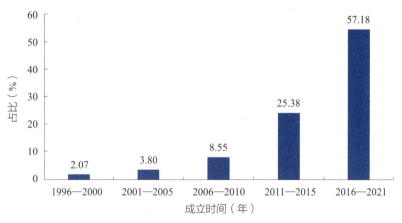

图 3-1　我国新型研发机构的建设进展

---

[1]　本书所列数据，均不含港澳台数据。——编者注

构占比为8.55%；2011年到2015年成立的新型研发机构占比为25.38%；2016年到2021年成立的新型研发机构占比为57.18%。机构总数呈现指数级增加的态势，仅在2020年4月到2021年12月之间，全国就成立了325家新型研发机构，形成了"百舸争流、千帆共竞"的建设局面。

二、新型研发机构的空间分布

在2375家新型研发机构中，东部地区有1437家，约占全国总量的60.5%；中部地区有664家，约占全国总量的28.0%；西部地区为274家，约占全国总量的11.5%（见图3-2）。统计结果表明，我国新型研发机构空间分布总体呈现不均衡态势，新型研发机构主要集中分布在东部地区。形成这种不均衡态势的原因主要是我国各地区经济和科技发展基础差异较大。从创新氛围来看，东部沿海地区经济基础雄厚、技术环境优越、民营经济发达、商业氛围浓厚，拥有大量企业自发建设的新型研发机构；从人才资源来看，作为全国人才净流入地和承接海外优秀人才回流的桥头堡，东部地区人才密度更高；从融资环境来看，东部地区资金流动快，投资方投资能力和投资意愿均更强，研发机构更易实现资金融

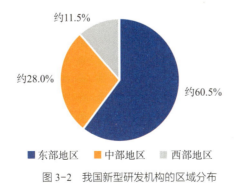

图3-2 我国新型研发机构的区域分布

通，为机构自我造血和可持续发展提供了良好的先决条件。相比之下，其他地区尤其是西部地区各方面要素禀赋相对薄弱，且新型研发机构建设起步较晚，因此目前在数量上处于落后状态。但从发展趋势上看，西部地区已陆续开展新型研发机构建设探索，呈现"奋起直追"的态势。

在省（区、市）层面，东部沿海地区的经济发达省（区、市）在新型研发机构培育建设方面表现较为突出，其中江苏省以438家的数量领跑全国新型研发机构建设，山东省（272家）、广东省（251家）、福建省（204家）等紧随其后。这些省份能够在新型研发机构建设中名列前茅，主要是因为政府重视程度高和经济发展基础好。其中，经济形势和技术环境是机构培育的内生动力，政府重视是机构成长的外在推力。从经济形势和技术环境维度看，江苏、广东、福建、山东各省均属于经济强省，财政实力雄厚、民营资本活跃，产业结构先进，产业发展中产生的技术需求成为当地积极建设新型研发机构的内生动因；从政府重视程度看，当地政府对科技发展的关注和敏锐使这些省份新型研发机构起步更早、更快，也构成了机构发展的核心优势。以广东省和江苏省为例，广东是全国第一个建设新型研发机构（深圳清华大学研究院）和第一个发布新型研发机构管理办法的省份；江苏省在《关于加快推进产业科技创新中心和创新型省份建设若干政策措施》中提出，对于新型研发机构最高可给予1亿元的财政支持，政府鼓励新型研发机构建设的强烈意愿在全国范围内相当突出。

三、新型研发机构的治理模式

我国新型研发机构类型涵盖企业、事业单位、民办非企业等多种法人类型。根据科技部统计，我国企业法人身份的新型研发机构占比为57.8%，事业单位法人身份和民办非企业法人身份的新型研发机构占比分别为27.3%和14.6%（见图3-3）。从参与建设主体来看，由两家以上建设主体共同建设的新型研发机构占多数，独立建设的新型研发机构数量较少。从机构层级来看，既有省级新型研发机构，也有地市级新型研发机构。

■ 企业法人　■ 事业单位法人　■ 民办非企业法人　■ 其他

图 3-3　我国新型研发机构法人类型的构成

从治理模式来看，我国近七成新型研发机构由理事会或董事会负责领导。根据科技部统计，建立理事会的新型研发机构占比为28.8%，建立董事会的新型研发机构占比为40.6%，未建立理事会或董事会的新型研发机构占比为30.6%（见图3-4）。

■ 建立理事会　■ 建立董事会　■ 未建立理事会或董事会

图 3-4　我国新型研发机构建立董事会、理事会情况

四、新型研发机构的业务范围

我国新型研发机构呈现出跨链经营、功能多元的特征，业务范围涵盖科学研究、技术研发、产品开发、成果转化、创业孵化等多个方面。根据科技部统计，我国分别有56.6%和51.8%的新型研发机构开展了基础研究和应用基础研究，促进了基础研究和应用基础研究双向耦合；58.1%和73.1%的新型研发机构分别具备产业共性技术研发和研发服务职能，成为科技创新链上补链强链的重要基石；70.5%和46.0%的机构分别开展了科技成果转移转化和企业孵化活动，有效推动了科技创新和经济发展深度融合（见图3-5）；此外，新型研发机构还承担了对外投资、人才培育等职能，担负着激活科技创新要素环境的重要使命。

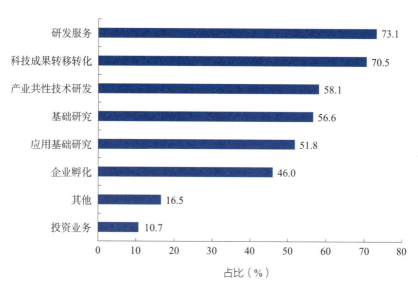

图 3-5　我国新型研发机构的业务范围占比情况

第三节　我国新型研发机构的政策环境

一、新型研发机构的支持政策

新型研发机构发展离不开健全的政策环境。我国中央政府和地方政府出台了一系列支持新型研发机构发展的政策。国家层面上，2015年中共中央办公厅、国务院办公厅出台的《深化科技体制改革实施方案》是我国首个新型研发机构建设指导方案；2019年，科技部制定的《关于促进新型研发机构发展的指导意见》，从新型研发机构功能定位、治理结构、管理运行等方面提出了指导原则，并对新型研发机构的认定、管理、考核和清退方法进行了规范，成为新型研发机构政策发展中的里程碑文件。政策变迁的过程体现出新型研发机构建设在我国科技创新大局中的战略重要性不断提升。从政策密度来看，新型研发机构政策出台日趋频繁；从政策效力来看，新型研发机构有关政策力度不断上升；从政策类型来看，现有新型研发机构相关政策以指导性文件居多，配套支持政策较少。如表3-1所示。

表3-1　国家层面涉及新型研发机构的代表性政策文件

文件名称	发文单位	发布时间	重要意义
《深化科技体制改革实施方案》	中共中央办公厅、国务院办公厅	2015年9月	首个新型研发机构建设指导方案
《国家创新驱动发展战略纲要》	中共中央、国务院	2016年5月	新型研发机构首次出现在国家纲领性文件中
《"十三五"国家科技创新规划》	国务院	2016年8月	新型研发机构被明确列入规划范畴
《关于促进新型研发机构发展的指导意见》	科技部	2019年9月	新型研发机构政策发展中的里程碑文件

地方层面上，2015年广东省发布的《关于支持新型研发机构发展的试行办法》是全国第一个名称包含"新型研发机构"的地方性文件，开创全国各地制定关于新型研发机构政策文件的先河。此后三年，福建、江苏、北京、天津等省（区、市）陆续颁布了新型研发机构建设相关的政策文件，政策出台频率持续提升。如图3-6所示，截至2021年11月，我国共有29个省（区、市）明确发布了关于新型研发机构的政策文件，这标志着地方新型研发机构的建设管理逐步规范化。

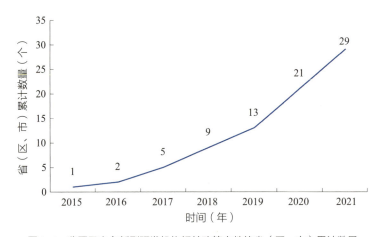

图 3-6　我国已出台新型研发机构相关政策文件的省（区、市）累计数量

各省（区、市）出台的政策文件多以通知、暂行（试行）办法、意见、指引等命名，发布单位以科技主管部门为主，财政管理部门、教育管理部门等相关单位为辅。从政策内容来看，已涉及认定、建设指导、管理、考核评价和动态调整等方面，逐步形成规范体系，具有较强的实践参考价值。但目前地方新型研发机构政策在性质上均属于地方规范性文件或工作文件，尚无地方法规出台，政策力度总体偏弱（见表3-2）。

表3-2 我国各省（区、市）新型研发机构认定文件发布情况

地区	文件名称	发布单位	发布时间
广东省	《关于支持新型研发机构发展的试行办法》	广东省科技厅等	2015年6月
福建省	《福建省人民政府关于鼓励社会资本建设和发展新型研发机构若干措施的通知》	福建省人民政府办公厅	2016年8月
重庆市	《重庆市新型研发机构管理暂行办法》	重庆市科技局	2016年9月
江苏省	《江苏省科学技术厅、江苏省财政厅关于组织申报重大新型研发机构建设项目的通知》	江苏省科技厅、财政厅	2017年3月
内蒙古自治区	《内蒙古自治区新型科技研究开发机构认定办法》	内蒙古自治区新兴科技研究开发机构建设领导小组	2017年11月
安徽省	《安徽省新型研发机构认定管理与绩效评价办法（试行）》	安徽省科技厅	2017年11月
北京市	《北京市支持建设世界一流新型研发机构实施办法（试行）》	北京市政府	2018年1月
四川省	《四川省新型研发机构培育建设办法（征求意见稿）》	四川省科技厅	2018年9月
天津市	《产业技术研究院认定与考核管理办法（试行）》	天津市科技局	2019年1月
河南省	《河南省新型研发机构备案和绩效评价办法（试行）》	河南省科技厅、财政厅	2019年1月
江西省	《江西省新型研发机构认定管理办法》	江西省科技厅	2019年6月
上海市	《关于促进新型研发机构创新发展的若干规定（试行）》	上海市科学技术委员会	2019年4月
辽宁省	《辽宁省新型创新主体建设工作指引》	辽宁省科技创新工作领导小组办公室	2019年5月
广西壮族自治区	《广西新型研发机构认定管理办法》	广西壮族自治区科技厅	2019年5月
甘肃省	《甘肃省促进新型研发机构发展的指导办法（试行）》	甘肃省科技厅	2019年11月
吉林省	《吉林省加快新型研发机构发展实施办法》	吉林省科技厅	2018年12月

续表

地区	文件名称	发布单位	发布时间
河北省	《河北省科学技术厅关于申报新型研发机构试点培育项目的通知》《新型研发机构建设工作指引》	河北省科技厅	2019年12月
湖北省	《省科技厅关于加快建设高水平新型研发机构的若干意见》	湖北省科技厅	2020年10月
浙江省	《浙江省人民政府办公厅关于加快建设高水平新型研发机构的若干意见》	浙江省人民政府办公厅	2020年6月
青海省	《青海省关于优化科技创新体系提升科技创新供给能力的若干政策措施》	中共青海省委办公厅、青海省人民政府办公厅	2020年7月
贵州省	《贵州省新型研发机构支持办法（试行）》	贵州省科技创新领导小组	2020年8月
海南省	《海南省关于促进新型研发机构发展的实施意见》	海南省科技厅	2021年4月
山东省	《山东省新型研发机构备案标准》	山东省科技厅	2021年1月
山西省	《省新型研发机构认定和管理办法（试行）》	山西省科技厅	2021年5月
黑龙江省	《黑龙江省促进新型研发机构发展措施实施细则（试行）》	黑龙江省科技厅、财政厅	2021年5月
云南省	《云南省促进新型研发机构发展实施方案》	云南省科技厅等	2021年6月
湖南省	《湖南省新型研发机构管理办法》	湖南省科技厅	2020年8月
宁夏回族自治区	《宁夏回族自治区新型研发机构备案支持暂行办法》	宁夏回族自治区科技厅	2021年7月
陕西省	《陕西省新型研发机构组建认定工作指引》	陕西省科技厅	2021年8月

二、新型研发机构的认定条件

科技部制定的《关于促进新型研发机构发展的指导意见》（以下简称《意见》）是目前针对新型研发机构建设最为清晰的管理办法。该《意见》提出，新型研发机构需要具备独立法人资格，健全的内控制度（包括理事会制度、院长负责制、咨询委员会制度等），研发设施，人才团队以及稳定的收入来源。在科技部《关于促进新型研发机构发展的指导意见》的指导下，各省（区、市）针对新型研发机构认定，从主体性质、体制机制、研发领域、功能定位等方面作出规定，并在研发投入、成果转化效益等方面提出指标要求。从机构认定程度来看，大致需要经过材料申报、形式审查、现场考评、结果公示、发文公布等程序。本小节对各省（区、市）的新型研发机构认定条件进行了统计（统计截至2021年11月），结果如下：

（一）功能定位

科技部《关于促进新型研发机构发展的指导意见》对新型研发机构功能定位作出了规定，提出"新型研发机构是聚焦科技创新需求，主要从事科学研究、技术创新和研发服务，投资主体多元化、管理制度现代化、运行机制市场化、用人机制灵活的独立法人机构。""引导新型研发机构聚焦科学研究、技术创新和研发服务，避免功能定位泛化，防止向其他领域扩张"。由此可见，新型研发机构在功能定位上应当以研发和创新服务为主。从各省（区、市）的政策规定来看，新型研发机构注重从整体出发，对关键技术进行突破性研发，使高新技术在实践中进行合理应用，并逐步走向多元化发展。新型研发机构以知识技术化、技术产品化为主，重点培养实践型技术人才，推动形成注重应用导向、成果导向的"实战"格局，强化创新链、产业链、金融链互联互通，整合政产学研用各方资源，实现自我造血功能。

根据对各地新型研发机构主要业务功能分布情况的统计（见图3-7），可以发现，我国新型研发机构业务功能主要集中在基础研究、技术开发、

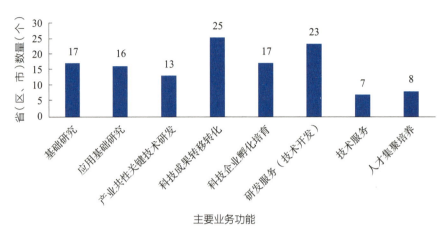

图 3-7 各省（区、市）对新型研发机构的功能要求

科技成果转移转化、人才聚集培养等方面。具体来说，17个省（区、市）要求新型研发机构承担基础研究职能；16个省（区、市）要求新型研发机构承担应用基础研究职能；13个省（区、市）要求新型研发机构承担产业共性关键技术转化职能；25个省（区、市）要求新型研发机构承担科技成果转移转化职能；17个省（区、市）要求新型研发机构承担科技企业孵化培育职能；23个省（区、市）要求新型研发机构承担研发服务（技术开发）职能；7个省（区、市）要求新型研发机构承担技术服务职能；8个省（区、市）要求新型研发机构承担人才集聚培养职能。

从具体研究的领域来看，我国的新型研发机构主要从事新材料、新能源、人工智能、大健康、现代农业、智能装备等战略新兴产业和未来产业领域的科学研究。

（二）研发条件

1. 研发投入

18个省（区、市）对于新型研发机构的研发投入作出明确规定（见

图3-8）。其中，河北省等11个（约61.1%）省（区、市）要求新型研发机构"上年度研究开发经费支出占年收入总额比例不低于30%"；甘肃省等3个（约16.7%）省（市）要求新型研发机构"上年度研究开发经费支出占年收入总额比例不低于20%"；湖南省等2个（约11.1%）省份要求新型研发机构"上年度研究开发经费支出占年收入总额比例不低于10%"；海南省要求新型研发机构"上年度研究开发经费支出占年收入总额比例不低于25%"；河南省要求新型研发机构"上年度研究开发经费支出占年收入总额比例不低于15%"。

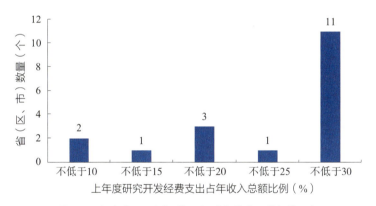

图 3-8　各省（区、市）对新型研发机构的研发经费要求

2. 研发人员

截至2021年11月，27个省（区、市）对新型研发机构的研发人员提出了要求（见图3-9、图3-10）。其中，对研发人员数量提出要求的有11个省（区、市），对研发人员比例提出要求的有21个省（区、市）。另外，16个省（区、市）对研发人员的数量不作明确要求。在提出数量要求的省（区、市）中，山东省等7个省（市）要求研发人员数量不少于10人；

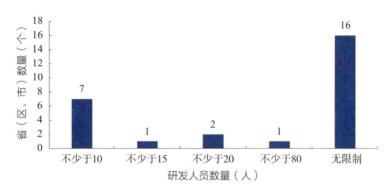

图3-9　各省（区、市）对新型研发机构的研发人员数量要求

甘肃省要求新型研发机构研发人员数量不少于15人；安徽省等2个省份要求研发人员数量不少于20人；浙江省要求研发人员数量不少于80人。

如图3-10所示，在提出比例要求的省（区、市）中，广东省等13个省（区、市）提出申请备案的新型研发机构应满足研发人员比例不低于30%的要求；湖北省等3个省份要求新型研发机构研发人员比例不低于40%；重庆市等3个省（市）要求新型研发机构研发人员比例不低于50%；湖南省、福建省要求新型研发机构研发人员比例不低于20%。另外，6个省（区、市）对研发人员比例不作明确要求。整体看来，新型

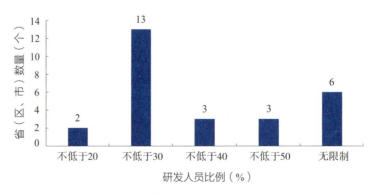

图3-10　各省（区、市）对新型研发机构的研发人员比例要求

研发机构高学历人才聚集，人才资源助推新型研发机构在区域产业经济
发展中发挥着越来越重要的作用。

3. 研发场地

20个省（区、市）在政策文件中对新型研发机构的研发场地提出
了要求（见图3-11）。其中，福建、湖南两省要求研发场地面积不小于
150平方米；山东、河南等5个省（市）要求研发场地面积不小于500平
方米；湖北省要求研发场地面积不小于2000平方米；浙江省要求研发场
地面积不小于3000平方米；其余11个省（区、市）并未对场地面积提出
定量要求，只作"拥有开展研发、试验、服务等所必需的设施条件和装
备条件"等定性要求。另有9个省（区、市）对新型研发机构的研发场
地不作要求。

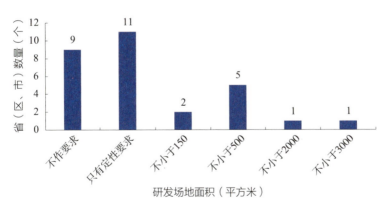

图3-11 各省（区、市）对新型研发机构的研发场地要求

4. 仪器设备

9个省（区、市）对新型研发机构的仪器设备提出了要求（见图3-12）。
其中，湖南省、重庆市要求机构拥有仪器设备价值不低于100万元；福

建省要求机构拥有仪器设备价值不低于150万元；黑龙江省、山西省要求机构拥有仪器设备价值不低于200万元；海南省要求机构拥有仪器设备价值不低于300万元；2个省（区、市）要求机构拥有仪器设备价值不低于500万元；浙江省要求机构拥有仪器设备价值不低于2000万元。

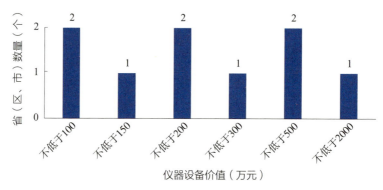

图3-12　各省（区、市）对新型研发机构的仪器设备要求

（三）成果转化

促进科技成果转移转化是新型研发机构的重要职能。科技部《关于促进新型研发机构发展的指导意见》中规定，符合条件的新型研发机构，可以按照《中华人民共和国促进科技成果转化法》等规定，通过股权出售、股权奖励、股票期权、项目收益分红、岗位分红等方式，激励科技人员开展科技成果转化。各地在制定机构发展政策过程中，也在成果转化方面作出规定。例如，上海市《关于促进新型研发机构创新发展的若干规定（试行）》中规定新型研发机构"开展科技成果转化与科技企业孵化服务。以资源汇集和专业科技服务为特色，孵化培育科技型企业，加快推动科技成果转化为现实生产力，推进创新创业"。

目前，各省（区、市）政策文件中对于成果转化的考核指标主要体现在收入来源和企业孵化两方面规定。在收入来源上，新型研发机构有出资方投入，"四技"收入（技术开发、技术转让、技术服务、技术咨询），承接科研项目获得经费、财政资助、政府购买服务、股权转让及投资收益等收入。如图3−13所示，安徽省等13个省（市）在认定文件中对于新型研发机构的收入类型作出要求；天津市、重庆市和辽宁省对于属地新型研发机构年度收入总额提出了要求；山东省、天津市等6个省（市）对新型研发机构的市场化收入占总收入比例作出明确规定，其中，山东省、河北省等5个省（市）要求机构市场化收入占收入总额比例不低于60%，天津市要求机构市场化收入占收入总额比例不低于70%。①

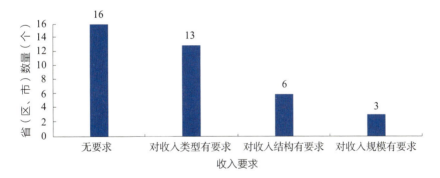

图 3−13　各省（区、市）对新型研发机构的收入要求

---

① 新型研发机构为市场化运行的独立法人机构，承担自我造血功能，创造市场化收入。关于"市场化收入"的范围，目前尚无统一标准，各省（区、市）披露的认定办法中，仅有重庆市将"技术转让、技术服务和技术咨询"划入市场化收入范围。本书将"'四技'收入、政府购买服务收入、承接科研项目获得经费收入、股权转让收入及投资收益"归入市场化收入范畴。

企业孵化方面，目前3个省（市）对新型研发机构做出了企业孵化数量的要求，天津市、山西省、辽宁省均要求新型研发机构每年孵化企业数量在2家以上。

三、新型研发机构的考核与激励

（一）新型研发机构的绩效评价

科技部《关于促进新型研发机构发展的指导意见》第十四条中规定，地方政府可根据区域创新发展需要，"组织开展绩效评价，根据评价结果给予新型研发机构相应支持"。在已发布新型研发机构管理政策的省（区、市）中，27个省（区、市）在认定办法中披露了新型研发机构的考核机制，政府科技管理部门按照绩效评价结果择优资助奖励。地方新型研发机构考核流程通常包含发布考核标准、机构自评、（符合要求的）机构材料申报、材料审查、专家现场考评、绩效结果公示、根据绩效结果实施激励等环节。

（二）新型研发机构的激励举措

实践中，各省（区、市）针对新型研发机构的激励措施主要包括财政资金奖励、税收优惠、金融激励、人才激励和用地激励五类。

1. 财政资金奖励

财政资金奖励是针对新型研发机构最直接的激励方式，奖励方式包括一次性奖励、研发补助等。例如，上海市《关于促进新型研发机构创新发展的若干规定（试行）》第五条规定"通过第三方绩效评价，对经认定符合条件的科技类社会组织和研发服务类企业等新型研发机构给予研发后补助，支持新型研发机构开展研发创新活动，对上年度非财政经费支持的研发经费支出额度给予不超过30%的补助，单个机构补助不超过300万元。已享受其他各级财政研发费用补助的机构不再重复补助"。

由图3-14可见，对于财政奖励限额，各省（区、市）的规定差异较大。奖励限额最高的省份为浙江省，给予符合条件的研发机构3000万元的财政资金支持。江苏省、广东省、福建省和天津市规定对符合条件的新型研发机构给予"最高1000万元"支持；广西壮族自治区、宁夏回族自治区的财政奖励限额均为500万元；甘肃省、海南省的财政奖励限额为200万元；黑龙江省的财政奖励限额为600万元，上海市的财政奖励限额为300万元。

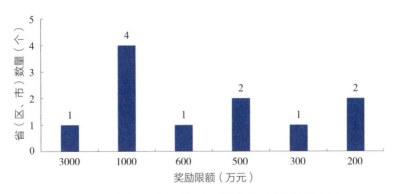

图3-14　各省（区、市）对新型研发机构的财政奖励限额要求

2. 税收优惠

依照《财政部 国家税务总局 科技部关于完善研究开发费用税前加计扣除政策的通知》等政策，符合规定的新型研发机构可以享受研发费用加计扣除、研发仪器设备加速折旧费用加计扣除和进口科研仪器设备减免关税等优惠政策。此外，依照《高新技术企业认定管理办法》，企业类新型研发机构可申请高新技术企业认定，享受相应税收优惠。实务

中，税收优惠已成为各省（区、市）针对新型研发机构的重要激励措施。例如，《重庆市新型研发机构管理暂行办法》中提到"符合相关条件的新型研发机构可依法享受研发费用加计扣除、研发仪器设备加速折旧费用加计扣除和进口科研仪器设备减免关税等优惠政策"。

3. 金融激励

科技部制定的《关于促进新型研发机构发展的指导意见》中指出，"鼓励地方通过中央引导地方科技发展专项资金，支持新型研发机构建设运行。鼓励国家科技成果转化引导基金，支持新型研发机构转移转化利用财政资金等形成的科技成果"。在实践中，各地利用引导基金、产业基金、创新券、风险补偿等手段给予新型研发机构资金支持，通过鼓励投资机构积极投资于新型研发机构，支持新型研发机构加速创新。例如，天津市《关于加快产业技术研究院建设发展的若干意见》中规定，"对投资于产业技术研究院衍生且在天津市注册企业的天使类投资，发生投资损失的，由天津市天使投资引导基金给予投资机构不超过实际投资损失额50%的补偿，单个企业项目投资损失最高补偿300万元"。

4. 人才激励

部分省（区、市）支持新型研发机构人才优先享受人才计划申报、职称自主评定等人才激励政策。例如，《重庆市新型研发机构管理暂行办法》规定"新型研发机构引进的人才（团队），符合相关规定的优先支持其申报'重庆英才计划'和市级科技计划项目。在有条件的新型高端研发机构中按规定开展职称自主评定试点，对引进的海外高层次人才、博士后研究人员、特殊人才畅通职称认定'绿色通道'"。

5. 用地激励

部分省（区、市）支持新型研发机构根据地方政策优先享受用地指标。例如，《浙江省人民政府办公厅关于加快建设高水平新型研发机构的若干意见》中规定"新型研发机构自建科研用地，由市、县（市、区）优先安排土地利用计划指标，对符合条件的优先列入省重大产业项目、省市县长项目，优先保障用地需求；对符合划拨用地目录的，可采用划拨方式供地"。

据统计，在27个已披露考核激励机制的省（区、市）中，提供税收优惠政策的有14个省（区、市），提供人才激励政策的有13个省（区、市），提供金融激励政策的有12个省（区、市），提供用地激励政策的有12个省（区、市），提供财政资金奖励的有11个省（区、市）（见图3-15）。

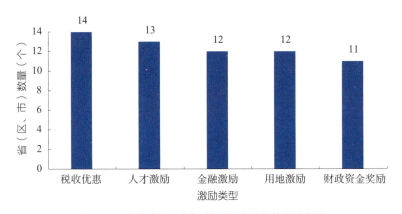

图3-15　各省（区、市）对新型研发机构的激励类型

（三）新型研发机构的动态管理

23个省（区、市）针对新型研发机构发展建立有进有出的动态管理机制，根据评价成绩提出新型研发机构调整和撤销的意见，对不合格的新型研发机构，取消其备案资格，并不再享受相关扶持政策。例如，重

庆市《新型研发机构管理暂行办法》规定"评估结果为不合格的，根据评估实际情况限期整改。整改后仍不合格的，取消其新型研发机构资格，对其中首次参加绩效评估的，视情况退回财政支持经费"。

在实践中，各地政府有序落实新型研发机构动态管理政策。广东省科技厅从2017年开始对已认定的省新型研发机构开展动态评估，并建立飞行考察制度，采用飞行调研的形式对省级新型研发机构日常建设进行抽查，至2021年3月共淘汰了46家不符合要求的新型研发机构；北京市有关部门在巡视审计工作中，对部分新型研发机构提出了整改要求，将新型研发机构绩效评估和动态管理的理念落到实处，有效维护了新型研发机构群落的发展生态。由此可见，以动态管理机制提高新型研发机构绩效考核的约束性和针对性，是引导新型研发机构良性发展的又一重要举措。

上下求索

新型研发机构的创新实践

第四章

理论探源
新型研发机构的创新路径

创新被广泛认为是一个组织获取竞争优势的重要来源，新型研发机构也不例外。本章结合创新理论，立足新型研发机构的本质特征，将其开放式创新路径解构为组织模式创新、动力机制创新与科研范式创新，以系统阐释新型研发机构的内在创新机理。

第一节　从创新理论看组织创新

组织创新研究的理论源头可追溯至创新理论。该理论起初诞生于经济领域，后经演绎与发展形成了覆盖技术创新、制度创新、意识创新的理论体系。

一、创新理论概述

创新理论由美籍奥地利经济学家约瑟夫·熊彼特（Joseph Alois Schumpeter）于1912年在《经济发展理论》中提出。他将创新定位在商业领域，认为创新是"对生产要素和生产条件进行新的组合"，体现在五个方面：开发一项新的产品、发明一种新的生产方法、开拓一个新的市场、挖掘新的供应来源或者创造一种新的组织形式，这些"以不同方式做事（doing things differently）"的方式皆可被称为创新。该理论主张将创新因素从影响经济发展的外生变量转变为内生变量，弥补了传统经济理论忽视创新与技术进步的不足，在科技发展迅猛的知识经济时代得到众多学者的支持，形成了以创新为核心的理论体系架构。其核心要义包含但不限于以下内容：

第一，以有限理性假设为基本前提。美国心理学家赫伯特·A. 西蒙（Herbert A. Simon）开创的有限理性学说首次揭示了决策行为中的不完全理性，认为人们在决策过程中寻求的是满意解而非最优解，在不完全信息条件下只能有限度地实现理性。这一认知判断体现在熊彼特对创新的阐释中——他认为经济系统的均衡只是一种理想的状态，来自系统内部自发的和不连续的变化会扰动均衡，持续改变并替代先前预期的均衡状态。"创新"正是由"系统内部自发的和不连续的变化"促成的，旨在打破有限理性下的固有均衡。

第二，将企业家确定为创新主体。在熊彼特的创新理论中，企业家取代发现者或发明家，被认为是资本主义经济下执行创新活动的特定群体。在理论假设中，他们应该具备卓越的领导才能、高效的行动力、强劲的开拓精神，能融合调度不同领域、不同类型的知识、能力、技能和资源，根据业务需求产生新的要素组合，实现组织创新与发展。企业家精神甚至被视作经济发展的原动力，是企业家的灵魂。

第三，提出了实现创新的主要途径。针对企业如何实现创新，熊彼特经过长期跟踪研究，在创新理论中总结出两种常规的创新途径：一是以企业家为主力的人员创新。无论是单个企业家还是处于合作网络中的企业家联盟，进入市场，吸引资本要素的注入，为创新活动创造了资本条件。二是以龙头企业为主力的组织创新。龙头企业凭借自身在行业中的垄断地位和竞争优势，在创新中同样扮演着重要角色。利用长期的、大规模的"创造积累"筑高市场进入壁垒，在高起点上引领创新方向，形成集聚程度高、探索程度深的创新模式。

二、创新理论发展：技术创新、制度创新与意识创新

尽管该理论是资本主义经济背景下的产物，但其中有关创新与经济发展关系的洞察对知识经济时代下的政治、经济、社会、文化等各领域发展都有指导和启迪作用，也在持续演化、推进中形成了技术创新、制度创新、意识创新等理论分支。

（一）技术创新

沿袭熊彼特将创新解构为"开发一项新的产品"或"发明一种新的生产方法"的观点，技术创新理论融合了产业转型和经济发展的新规律，重点从技术变革、技术模仿、技术推广与扩散等视角切入，考察技术研究和开发活动如何赋能经济发展。

以美国经济学家爱德华·曼斯菲尔德（Edward Mansfield）、莫尔顿·卡曼（Morton Carman）、南赛·施瓦茨（Nansai Schwartz）、克里斯托夫·弗里曼（Christopher Freeman）、理查德·纳尔逊（Richard Nelson）等学者为代表人物，技术创新理论分化成了不同流派。其中，曼斯菲尔德针对技术创新扩散的速度和效用提出了技术模仿论，认为在某一企业开发出一项新技术之后，该项创新技术被行业企业采用的速度

和效用受到模仿比例、行业企业的相对盈利率、采用新技术需要的投资额三个因素的影响，他与卡曼就企业家在推动技术创新中的重要作用达成共识。施瓦茨推翻了熊彼特将创新设定在完全竞争的市场条件下这一预设前提，将竞争程度、企业规模、垄断力量等市场结构变量纳入对技术创新的分析，区分了在垄断竞争、完全竞争、中等程度竞争三种情境下技术创新可能带来的收益水平，认为介于完全垄断和完全竞争之间的适度垄断和适度竞争是最有利于技术创新的市场结构。弗里曼和纳尔逊则从更加宏观的视野论证了国家在推动技术创新中的保障角色，将涉及创新资源配置、关系网络架构的国家创新系统这一外部环境因素与组织因素相结合，延展了技术创新活动的边界和层次，衍生出区域创新、集群创新等概念。

（二）**制度创新**

从"创造一种新的组织形式"出发，制度创新理论的研究对象聚焦于组织变革，重点关注制度变革与技术创新、经济增长之间的关系。该理论的基本思想是将技术创新嵌入制度框架中，认为高效的制度安排是决定技术创新是否可行、经济增长是否能够达到预期收益的根本条件。

以道格拉斯·诺斯（Douglas North）、兰斯·戴维斯（Lance Davis）为代表，考虑到税收制度、教育制度、工会制度、公司制度等制度性交易成本决定了开展创新活动的经济、时间和机会成本，影响到资源配置效率，新制度学派主张变革现存制度中阻碍创新发展的消极因素，通过变革组织形式、优化经营管理模式等方式，使制度供给服务于创新发展。而市场规模的变动、生产技术的发展、组织或个人收益预期的变化被认为是促进制度创新的重要变量，这不仅在于市场规模扩大会增加管理制度的复杂度，更迫切的是生产技术也在迭代与进阶中突破先前的制度框架，不断促发新的制度创新需求。

（三）意识创新

一般认为，技术创新理论和制度创新理论是创新理论体系的主体内容，但意识创新是技术创新与制度创新的源头，实际上也是创新理论体系中的重要部分。正如陈文化、彭福扬两位学者多年前所指出的，技术创新、制度创新本身就是观念创新；开展技术创新、制度创新，首先在于意识创新，或者是在意识创新的指导下才得以进行的；三者分属于生产力、生产关系和上层建筑范畴。

意识创新即思想创新、观念创新或理念创新。尽管就理论的体系化而言，意识创新尚未形成一个独立完整的理论流派，但相关思考通常嵌套在组织创新的各类研究中，与技术创新和制度创新交织互证。来自组织行为学的研究证据就曾表明，组织的价值观、企业家的创新精神、员工的思维方式这类意识因素都在不同程度上影响着组织或个体的创新行为，甚至主导着创造价值的方向。更确切地说，如果没有正确的创新意识形成内在驱动力，那么技术创新和制度创新想要顺利实现并创造出正面价值是存在较大难度和风险的。因此，意识创新在创新行为中扮演着指导调控角色，技术创新和制度创新是意识创新付诸实际行动的结果表现，三者共同构成创新体系。

第二节　解构组织创新

随着创新理论的迭代与实践校验不断推进，组织创新快速从企业渗透到公共组织和非营利组织，创新驱动发展也成为各类组织塑造独特竞争优势、谋求长远发展的路径。在顺变的过程中，组织创新的内涵、类型及驱动因素持续得到扩展，以适应组织内外部复杂多变的生存环境。

一、何为组织创新

创新与组织发展一直是一组具有强相关性的研究和实践命题。组织创新的定义不一而足，不同学者因研究视角的差异各有侧重。早期阶段，组织创新通常是指创造或采用一种想法或行为，并在组织内成功付诸实际行动。经济合作与发展组织结合企业运行环境进一步将其具化为在本公司工作场所以及在处理本公司与外部机构之间关系的经营管理过程中引入新的组织方法（OECD，2005）。上述定义均强调对创新工具的阐释，尚未涉及组织创新的价值范畴。李国军和王重鸣（2006）在此基础上确立了组织创新的价值导向，认为组织创新是在一个团队和组织中或针对一项任务有意导入相对新的、对其和社会有益的想法、过程、产品或工艺。

综合既有研究可以发现，组织创新包含两个隐含的属性：一是要求创造或采用的想法或行为有新颖或独特之处；二是要求创新的结果应对组织及社会有益，具备社会价值。

二、组织创新的类型

以组织创新的边界、节点和价值立意为划分标准，组织创新可分为封闭式创新与开放式创新、过程创新与结果创新、责任式创新与谋利式创新。

（一）组织创新边界：封闭式创新和开放式创新

以组织创新的边界为条件，组织创新可分为封闭式创新和开放式创新。与将创新活动局限于组织内部的封闭式创新相对应，开放式创新（open innovation）是指组织突破自身封闭的边界，通过从外部吸收创新理念、寻求技术支持或综合利用内外部资源为创新活动服务等形式，推动组织创新和进化的一种方法。

一般认为，开放式创新具有三种表现形式：一是输入式创新（inbound innovation），即吸收外部供应商、客户、高校和科研机构的创新理念和技术；二是输出式创新（outbound innovation），即将组织内闲置的创造性想法或技术向外转移给市场上的其他组织；三是交互式创新（coupled innovation），即同时包含从外向内、从内向外的跨边界技术或知识转移。由于能够给组织带来更多的实质性收益和更少的内部文化障碍，由外而内的输入式创新往往得到学者们更多的关注。无论采取哪种形式，开放式创新都弱化了组织与其周围环境之间的界限，为创新要素在不同的组织间流动并增值开辟通道。事实上，知识和技术的开放式转移不仅能为组织带来更多的战略机会，也帮助它们以更高效、更有价值的方式利用内部闲置的创新理念进一步提高组织绩效，获得竞争优势（见图4-1）。

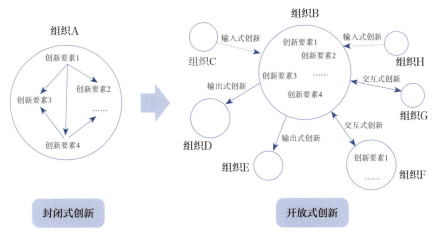

图 4-1　封闭式创新与开放式创新示意图

（二）组织创新节点：过程创新和结果创新

创新既是一个过程，也是一个结果。从创新发生的节点来看，组织创新包含过程创新与结果创新。过程创新总是先于结果创新，过程创新重在回答如何创新，结果创新在于回答创新出什么。

在商业范畴，企业的过程创新涉及组织方式的革新、业务流程的优化与再造等，目的是以更低的成本、更高的效率生产出更好的产品或者提供更优质的服务，这里的"产品"和"服务"即创新的结果。结果创新往往得益于过程创新。延展到泛组织层面，组织的结果创新不局限于产品和服务，与组织目标相关联的所有外部产出均可视为结果创新，如技术创新（生产产品，提供服务、工艺、技术等）和管理创新（组织结构、行政流程、人力资源管理等）。

（三）组织创新价值立意：责任式创新和谋利式创新

组织创新在价值立意上的分歧一直饱受争议。组织创新的初衷是纯粹获取基于组织个体目标的物质或非物质价值回报，抑或是服务于社会发展大局，决定了组织创新的价值立场。前者是一种为己谋利的自发行为，本书将其概括为"谋利式创新"，后者是受社会责任驱使的自愿行为，欧盟将其命名为"责任式创新"。

谋利式创新隶属于传统创新范式，它关注新创意转化为价值回报的过程，以创新收益能否为组织积蓄生存资本为关键，相对不那么重视创意转化行为的安全风险，比如创意是否存在潜在的技术危机与伦理风险，是否会给社会和环境带来破坏性危害。这类组织创新并非完全与责任式创新相对立，当组织目标与社会发展的总体方向趋于一致时，组织的谋利式创新确能为社会发展添益；相反，当组织目标违背了社会发展主线时，谋利式创新的外部消极影响才会显现。

责任式创新（responsible innovation）最早出现在2014年由欧盟提出的"地平线2020（Horizon 2020）"计划中，强调研究与创新必须有效反映社会需求与社会意愿，反映社会价值与责任。基于上述倡议，梅亮与陈劲（2015）进一步对责任式创新的定义作出补充，认为责任式创新是一个包含多利益攸关主体协同决策，基于现有知识前瞻性评估创新目标与结果，并构建科技治理的适应性制度体系，以引导创新朝社会需求满足与道德伦理要求方向演进的动态过程。它重构了科技创新的角色与定位，是社会责任与技术创新深度融合的衍生物，要求创新活动符合道德许可与社会期望，具备社会价值性、社会责任性、安全性与可持续性。

三、组织创新的驱动因素

组织创新能力受到组织内部和外部因素的多重影响，它是确保组织长期保持竞争优势的重要能力。其中，组织与管理、人员、环境是驱动组织创新的主要因素。

（一）组织与管理因素

1. 组织战略

组织创新是具有高度复杂性、不确定性、动态性的活动，尤其当涉及跨组织的多个利益相关者协作时，明确的创新战略有助于将创新目标与组织的战略目标相匹配。宏观层面，国家使命和战略为组织确立了要遵循的基本方向；微观层面，组织内部也需要设立能够得到利益相关者一致认同的使命与愿景，因为共同的愿景是一个组织快速有效应对外部竞争的必需条件，它塑造出利益相关者对预期未来的集体承诺和组织坚持感，借助资源和能力调整引导他们朝着创新进步、获取各类利益的共同目标奋进，形成共同寻求创新解决方案的行动合力，对组织创新具有积极而重大的影响。

2. 组织结构

组织结构是指一个组织对工作角色的正式安排和对包括跨组织活动在内的工作进行管理和整合的机制。它通过明确责权与分工协作关系，规定信息流动方向，统筹内部协调机制，既决定了资源的配置方式，也主导着组织的运行线路。在管理实践中，组织结构的类型多种多样，因不同区分标准而异。例如，按照权力的集中程度，组织结构可分为集权化组织和分权化组织；按照管理层次的数量，组织结构可分为科层制组织和扁平化组织；按照组织的灵活性程度，组织结构可分为机械式组织和适应式组织。

组织结构为个人、团队或组织创新实践提供了必要支持。组织结构越趋于简单化、正式化、扁平化、分权化，对组织创新的促进作用就越发显著。在这种管理层次少、管理幅度大的组织结构下，不同层级组织、成员之间的纵向、横向及斜向沟通距离有效缩短，信息流通速率与效率明显提高，组织的自主性、灵活性和协调性较高，具备快速有效应对外部环境变化的自适应能力。深究其中的作用机理，员工创新角色认同、知识转移渠道、知识吸收能力、知识整合能力、组织创新氛围等变量在不同程度上承担着组织结构作用于创新绩效的中介或调节责任，帮助组织生成持续创新能力。

3. 组织学习与知识管理

在知识经济时代，知识是创新的基础，创新是知识的应用成果，而知识又来源于学习，三者环环相扣。根据既有文献的定义，组织学习是以经验和认知为基础，涵盖知识获取、转移、共享、利用和创造的过程。在战略管理背景下，组织学习不仅强化员工对组织文化价值的认同，也帮助组织有效提升抗风险和动态作战能力，从而更加快速从容地适应外部复杂的竞争环境。可以说，组织学习是组织实现技术创新和管理创新，长期保持竞争优势的重要来源。

组织创新领域的学者普遍将知识管理视作一项运用管理工具来增加或创造知识价值、提升组织创新效益的技术，涵盖对组织信息的收集、存储、分析和创建等过程。其中，知识整合能力是知识管理的重要能力之一，它不仅是组织构建核心能力的关键环节，也是影响组织创新能力提升、知识价值最大化、创新目标实现的最本质因素。然而，知识管理对组织创新的作用并不总是正向的。局限于某一细分领域的高水平知识管理也存在认知惰性风险，导致技术创新容易停留于局部改进和优化阶段，难以取得重大突破。

4. 人力资源管理

人力资源管理实践定义了雇主与雇员关系背后的条件，影响着雇员在工作场所内的创新行为。在人力资源管理实践与组织创新的关联文献中，承诺型人力资源管理和战略人力资源管理备受关注。

就雇主与雇员之间的交换关系而言，人力资源管理实践可分为交易型人力资源管理实践和承诺型人力资源管理实践，前者强调组织和员工之间的短期交换关系，后者则试图发展组织与员工之间的长期交换关系。研究显示，承诺型人力资源管理实践对组织创新绩效具有显著的正向影响。它的作用体现在两个方面：第一，承诺型人力资源管理擅长运用知识管理工具，注重提升员工的知识、技能和能力，鼓励员工开展团队合作和信息共享，有效整合员工知识集聚组织创新资源，不仅能帮助组织吸引、留住、培养和激励知识渊博的优秀员工，也能在知识转移、使用、整合与加工中进一步强化组织抵御风险和灵活应变的能力，快速识别外部新兴环境因素，动态调整组织创新战略。第二，承诺型人力资源管理在组织目标与员工目标之间建立心理联系，激励员工将个人利益与组织利益保持一致，自觉承担创新失败的风险，形成互惠式雇主-雇员关系，引导员工自愿为组织的成功作出贡献，这也是承诺型人力资源管理实践区别于交易型管理实践的最本质特征。其中，知识分享、知识吸收能力、团队凝聚力、员工工作投入在承诺型人力资源管理实践和组织创新之间起到不同程度的中介作用。

与传统人力资源管理实践的人员管理导向相比，战略人力资源管理更注重人力资源管理要素在战略层面的价值传导和各相关构件间的有机关联，它是影响员工行为、态度与绩效的政策、活动、措施的总和。一般认为，战略人力资源管理实践包含问题解决团队、灵活工作设置、员工广泛参与、稳定雇用、目标导向的绩效管理、激励性薪酬政策等创新性人力资源管理实践。其基本特征是使人力资源管理活动与组织战略和规划目标相适配、相统一，推动特定组织战略目标的实现。大量研究和实践显示，战略人力资源管理往往与组织创新绩效呈显著正相关，有利于帮助组织塑造可持续竞争优势。

5. 组织创新氛围

在组织创新研究中，组织创新氛围是推动组织创新行为的重要前因变量之一。对组织创新氛围的界定无外乎认知−结构或主观−客观两种视角，二者都脱离不开组织环境中的创新支持要素。

组织创新氛围是一种知觉层面的结果。认知学派或主观学派的学者普遍认为组织创新氛围是员工个体对其所处组织环境创新特征（如组织政策、管理行为、组织流程等）的直接或间接的整体性认知与体验，是组织成员感知到工作环境中支持创造力和创新的程度。它既可以因人而异，也可以是达成一致共识的群体认知。在中国背景下，组织创新氛围由工作方式及环境支持、组织理念、领导支持、工作团队支持、资源提供、学习成长、知识技能等因素构成。其不仅对组织调动员工的创新意愿至关重要，也能够让那些具有创新和创造潜力的优秀员工感受到强大的组织支持，更加积极勇敢地投入创造行动，提升组织的竞争优势和创新绩效。也有部分学者持相反观点，认为组织创新氛围是一种独立于主观认知之外的客观存在，不以人的意志为转移。在他们看来，组织创新氛围是组织自身具有的属性，是体现组织生活的态度、感受和行为的集合，也是可直接观察和测量的。它既能影响员工学习、动机和承诺的心理过程，在某些情况下也会影响他们对创新作为组织绩效基本因素的接受程度。

对于组织创新氛围具体如何影响员工及组织创新行为，既有研究引入了不同中介或调节变量进行作用机制验证。组织创新氛围需要通过员工的创新工作行为、内部动机、创新激情、组织学习、知识分享等推动员工及组织的创新，同时也能调节员工创新能力与创新绩效的关系。由此可见，组织创新氛围是除物质资源和人力资源以外，支持组织创新必要的环境要素，组织需积极重视塑造并培育鼓励创新的良好氛围，帮助实现组织的系统化创新。

（二）人员因素

领导风格能够以多种方式影响员工及组织创新绩效。交易型领导和变革型领导是一组相对的领导风格。作为传统领导风格的典型代表之一，交易型领导是指领导者提供报酬以回报员工服从领导的命令指挥和安排，完成所交给的任务的一个契约交易过程，以与下属之间的交易为目的建立联系，是一种单维、趋利的领导风格；而变革型领导即领导通过向员工灌输思想和道德价值观，激励员工，激发员工高层次需要，建立组织内部互相信任的氛围，促使员工将组织利益置于个人利益之上，并最终达到超过预期目标的结果，是以构建更高水平的激励和道德为目的而与下属之间建立联系的可持续过程。

变革型领导的内涵与类型在后续理论研究中不断得到拓展和丰富，衍生出包容型领导、授权型领导、共享型领导等多种领导风格，其对组织创新行为的作用机理分析也不断深入。其中，包容型领导专注于领导者的包容性，以表明领导者擅长倾听、吸收他人意见，紧密关注追随者的需求，以塑造团队成员的信念；授权型领导是一种通过权力下放的方式给员工充分授权，进而鼓励员工之间相互授权，通过员工的自我管理和自我领导，激发员工的内在工作动机、提高员工的自我效能感，使员工能够参与到组织或团队中，共同完成团队目标制定和团队愿景实现的过程；不同于传统的垂直型领导，共享型领导是团队成员个体间动态交互的影响过程，表现为权力被团队成员所共同拥有。

上述领导风格被证实在不同情境下对组织创新具有显著的正向影响，但内在的作用机制各有不同。包容型领导体现在包容员工的观点和失败、认可并培养员工、公平对待员工等方面，通过激发团队知识共享、帮助员工形成积极的心理状态、营造组织和谐，促使员工产生更多的创新构想和创新行为。共享型领导则通过创新自我效能感、授权赋能正向预测团队创造力。该风格的领导非常重视团队成员间的知识共享，善于营造团队合作氛围，也能给予团队成员一定的创想空间，充分调动团队员工的主观能动性。而对于授权型领导而言，高管团队集体能量、内部人身份感知在授权型领导与员工及组织创新行为之间起着不同程度的中介作用，共同助力组织创新。

（三）环境因素

制度规则是影响组织创新行为的重要环境因素，包括组织内部的制度规范和外部的政策法规。此类因素被统称为"组织创新支持"，它是指员工在组织中感知到组织对其创新想法和创新工作的环境、福利、政策等的一系列支持。

组织内部创新支持体现在组织对员工创新行为的鼓励、奖励、尊重和认可上，往往需要以组织认同为中介。与此同时，政府为推动技术创新而制定出台的科技、产业、金融、人才等各类制度法规和公共政策作为重要的组织外部支持，也直接或间接地作用于组织及员工的创新行为，财政补贴、税收优惠等激励政策的效果尤为显著。这不仅因为创新政策作为组织外部创新支持能减少组织在创新过程中面临的不确定性风险，更关键的是一切有利于创新活动的体制破壁都能充分释放组织或个体的创新活力，盘活创新要素，打造灵活有序的创新生态系统。

第三节　新型研发机构开放式创新的实现路径

新型研发机构在创新机制上有别于传统科研机构，这决定了组织创新研究成果并不一定完全适用于新型研发机构，但其中有关组织创新类型、驱动因素的发现对于探究新型研发机构如何实现开放式创新同样具有十分重要的借鉴意义。本节在前述内容的基础上，从组织模式创新、动力机制创新和科研范式创新切入，系统总结提炼出我国新型研发机构的创新路径，剖析其组织创新机理。

一、新型研发机构的组织创新类型

新型研发机构"新"在何处一直是理论界与实务界争论的关键。根据新型研发机构的定义，投资主体多元化、管理制度现代化、运行机制市场化、用人机制灵活化被普遍认为是新型研发机构区别于传统科研机构的主要特征，甚至不少研究将其创新简单归结为一种协同创新。事实上，协同创新确是新型研发机构开展创新活动的表现形式之一，但多主体间为何愿意参与协同创新，如何开展协同创新等关键问题尚未得到系统阐释。

要解答上述疑问，需要对新型研发机构的组织创新类型进行重新界定。从组织创新的边界来看，新型研发机构所从事的创新活动覆盖产学研用等多个环节的创新主体，整合了政府、高校、科研院所、企业等各界力量，涉及知识和技术等创新要素的输入、输出以及交互转化，是一种跨越单个组织边界的开放式创新。

韦晓英等人（2020）认为，开放式创新是一种开放性系统，是创新资源双向流动的具有互动性的创新行为，是一种非线性的自组织活动。在这种开放式创新机制下，新型研发机构不仅要具备较强的知识吸收能力、协调整合能力和沟通转化能力，也要重视构建长期稳定的多元合作伙伴关系。一方面，依托投资共建主体打造跨界合作网络，不断吸纳社会力量参与，形成多样化、多节点的网络组织结构，发挥各节点的既有资源优势和功能长项，初步形成相对完善的研发链条。借鉴米银俊等人（2019）对新型研发机构开放式创新中各参与主体分工的认识，政府为企业搭建科技交流的信息平台，创造良好的政策环境；高校和科研机构属于非营利机构，具备较强的科研能力和知识储备，有力推动创新产品与技术的研发；企业牵头将技术成果转为商业化产品；科技中介机构负责为新型研发机构获取行业专业知识和最新科技信息；风险投资机构提供资本支持。与此同时，新型研发机构的开放式创新不是知识与技术的简单置换，而是在充分利用合作伙伴既有资源和研究优势的基础上，强调"高原造峰"而非"以邻为壑"，注重创新要素的价值再造，是一种相对可持续、低成本的高质量创新。

二、新型研发机构的创新路径

新型研发机构能否实现开放式创新，与其创新驱动因素紧密相关。本书立足新型研发机构的发展规律与特征，将其开放式创新解构为三条实现路径——组织模式创新、动力机制创新及科研模式创新。

如图4-2所示，三条创新路径之间相互作用、彼此影响，共同构成新型研发机构开放式创新的路径框架。首先，以独立法人、投管分离、理事会决策机制为标志的组织方式决定了新型研发机构的动力来源是双

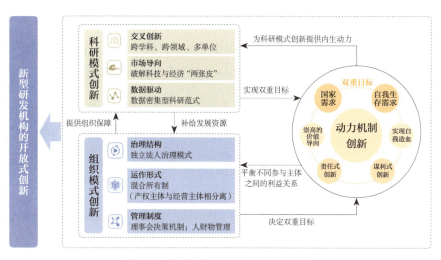

图 4-2　新型研发机构的创新路径关系图

维的，其创新活动既要体现国家意志，具备一定程度的公益秉性，也不能脱离自我生存的发展需求，在市场化运行中实现自我造血；同时，混合所有制客观要求新型研发机构需要在开放式创新中平衡好参与各方的利益诉求，进一步稳固组织架构。其次，在大科学时代，传统"慢"文化、"散"文化、"专"业化、为经费的科研模式已难以同时满足国家战略发展和自我生存需要的双重目标，推动新型研发机构自发地向跨学科、跨领域、跨单位的交叉创新，面向市场需求的科技创新，数据驱动科学发现的科研新模式转型，这一转型将加速催化出一系列重大理论突破和应用成果，反过来又助力新型研发机构实现双重目标，构成创新动力-创新活动-创新结果的闭环。从此，投资主体多元化、管理制度现代化、运行机制市场化、用人机制灵活的独立法人治理结构、投管分离的运作形式及理事会决策机制都帮助新型研发机构打造了高效灵活的运行管理空间，为其科研模式创新提供了坚实的组织保障；与此同时，交叉创新已经成为重大成果的主要产出地，数据也逐渐成为支撑科技创新的重要手段，顺应这一变革趋势的科研模式创新将扩大创新成果产出的价值与贡献，为新型组织方式的持续迭代和优化补给发展资源，提供条件基础。

（一）组织方式创新

新型研发结构的组织方式创新主要体现在治理结构、运作形式以及管理制度三个方面。

第一，具备独立法人资格是现阶段新型研发机构的首要认定条件之一。独立法人资格意味着新型研发机构依法独立享有民事权利和民事行为能力，具备自主经营、独立核算的基本权限，支持建立符合自身情况的财务管理制度和内控制度。与传统事业单位性质的科研机构相比，具备独立法人资格的新型研发机构的突出优势在于，既能避免对国有资本的过度依赖，也能享受一定自主空间内的财产支配与管理权限，按需盘活创新资源利用率。

第二，新型研发机构通常采用由政府、企事业单位等多主体共同参与投资与经营管理的联合共治模式，投管分离的混合所有制打破了传统科研机构"国家所有、国有管理"的固化模式，实现了机构的产权主体与运营主体相分离。通过支持"官办民助""官民合办""民办官助"等多种组建方式，新型研发机构扭转了传统科研机构依靠单一主体投入、研发力量薄弱、五链融合壁垒高筑等弊端，推动人力、物力等资源配置向市场化和社会化转型，也便于创新要素的集聚与创造。

第三，新型研发机构原则上实行理事会、董事会决策制和院长（所长、主任）负责制，根据法律法规和出资方协议制定章程，依照章程管理运行。不同于科层制的传统组织架构，理事会领导下的一把手负责制大大压缩了新型研发机构的决策层级，扩大了管理幅度，使其整体呈现出组织层级扁平化、管理架构简单化、决策沟通高效化等鲜明特征。对照既有研究结果，这种趋于简单化、扁平化、分权化的组织架构为新型研发机构开展组织创新提供了重要保障。

（二）动力机制创新

任何一个组织都是出于追求特定目标而从事创新活动的。企业以营利为目的，高校兼顾教书育人与科学研究的双重职责，传统科研机构围绕政府重大工作部署布局科研方向。而出于组织架构、经费来源等特定条件，创新已经成为新型研发机构的重要使命，这不仅是响应国家科技发展的外部需要，也是满足机构自我生存的内在需求。从该意义上讲，新型研发机构的开放式创新来源于国家发展与自我生存这一双重动力机制。

根据科技部2019年制定的《关于促进新型研发机构发展的指导意见》，"聚焦科技创新需求"被设定为新型研发机构的首要条件，赋予新型研发机构服务国家重大战略需求和区域产业发展的崇高使命。特别是面对新一轮科技革命和产业变革纵深推进、世界主要国家竞相参与科技竞赛、全球发展版图亟待重塑的重要关卡，新型研发机构承载着助力国家科技自立自强，打造国家战略科技力量，提升国家创新体系整体效能的攻坚重担。对标国家战略与使命愿景，新型研发机构所从事的科学研究、技术创新和研发服务应遵循兼顾前沿理论研究价值和创新成果应用价值的基本方向，坚持从关注经济价值、就业价值转向重视科学价值、战略价值、社会价值、文化价值以及精神价值的价值属性。在上述价值导向驱动下，新型研发机构的创新活动能有效反映国家需求与社会意愿，反射社会价值与责任，是一种将社会期许与创新研究深度融合，将个人利益与国家利益有效协同的责任式创新，推动国家与社会朝可持续发展的方向迈进。

抛开国家战略使命与愿景的支持，保障机构良性运转、打造市场竞争优势是激发新型研发机构创新动力的现实需要。事实上，投资主体多元化、管理制度现代化、运行机制市场化等被广为宣扬的特色组织机制是一把"双刃剑"，既为新型研发机构提供了充分灵活的自主决策空间，但同时投管分离、有限财政投入、自主经营、自负盈亏的运营管理模式也决定了新型研发机构无法走"铁饭碗"的传统路线，需要解决好自我生存问题。由此，如何在平衡好各参与方利益诉求的基础上，通过开放式创新进一步强化自我造血功能，对于新型研发机构而言也是至关重要的。这种基于自发、自主、自利的创新行为是一种谋利式创新。尽管从创新的价值立意来看，谋利式创新似乎与责任式创新相悖，但当新型研发机构组织层面的价值立场与国家层面的使命愿景相一致时，二者将共同形成强大的组织创新合力。

（三）科研模式创新

首先，重大原始创新成果越来越多产生于交叉领域逐渐成为一种共识，新型研发机构将跨学科、跨领域、多单位的合作研究作为主要科研模式。"单打独斗"和"包打天下"全谱系创新的科研模式已不适应大科学时代的科技创新。面对国家重大战略需求和重大科学前沿问题，跨越单点或单一学科的限制，追求跨学科协同的现实需求越来越高涨，传统以学科为主要脉络的科研组织体系逐渐被取代，新型研发机构以现实需求和重大问题为主线开展交叉创新研究。新型研发机构与高校、科研院所、企业聚焦合作领域搭建知识共享网络，构建内隐知识、外显知识在合作组织间的转移、吸收、消化、共享、集成、利用和再创造的畅通通路，提高知识协同共享的自由度、即时性和精准性，有效提升知识的流转效率和创新价值，推动产出更多重大创新成果。不仅如此，跨界的组织学习与知识管理也帮助新型研发机构及时洞察创新链上下游的外部形势变化，增强风险抵御能力和危机应变能力，保持长期创新竞争优势。

其次，面向市场强化产业技术供给是新型研发机构的重要使命之一。大部分新型研发机构具有混合所有制特征，所承担的科学研究、技术创新和研发服务等创新活动涉及政府、高校、科研院所、企业、中介服务机构等多元创新主体的协作参与。其中，介入市场是新型研发机构打通研究需求端与应用市场端的关键。一方面，不少新型研发机构由企业等市场主体直接参与投资并从事技术成果转移转化等营利性创新活动，有效消除研究成果在跨链路转移过程中的组织壁垒。与此同时，在政府的指导调控下，新型研发机构的创新探索并不是"漫无边际"的，面向市场的创新也不是"唯市场"的，而是着眼于产业共性关键技术难题和行业"卡脖子"技术，重在解决科技与经济发展"两张皮"的现象。

此外，顺应数据密集型科研范式变革的新趋势，新型研发机构重视以数据驱动科学发现。当下，科技创新已经进入一个前所未有的"大数据"时代，数据和算力成为支撑科技创新的重要手段，在基因、脑科学等研究领域发挥着重要作用。从全国各省（区、市）出台的对新型研发机构的认定管理办法来看，新型研发机构的研究方向主要集中在生命健康、新能源、新材料、信息技术、人工智能等新兴领域，从大型观测数据集中挖掘因果关系或相关关系是这些领域的研究焦点之一。从这个角度而言，大数据在其中的解释力和外推能力远高于传统研究领域。因此，数据驱动也是新型研发科研模式创新的重要表现。

第五章

他山之石
国内外新型研发机构的实践经验

当前，新一轮科技革命和产业变革深入发展，全球科技力量正处于深刻变局中，科技创新在国际竞争中的核心地位日趋显著。立足新阶段，我国科技体制改革全面发力、多点突破、纵深推进，在重点领域和关键环节取得了实质性进展，科技创新的基础性制度框架基本确立，极大释放了创新引擎的动能，显著提升了科技创新体系整体效能。科研机构作为创新体系的重要组成部分，在增强自主创新能力，推动我国现代化建设等方面发挥着重大作用。新时期如何进一步探索我国新型科研机构发展路径是构建新发展格局的关键。

他山之石，可以攻玉。本章将围绕美国、德国、英国和国内的新型科研机构实践经验进行研究，旨在透射出当前世界范围内新型科研机构的发展现状及特质，为我国新型研发机构提供发展思路。

第一节　国外新型研发机构的实践探索

国外新型科研机构的产生和发展与其所在国家的体制、经济、政治和文化等多种因素息息相关，其实践经验和发展路径对我国来说具有研究和借鉴意义。

一、国外典型科研机构组织模式

20世纪，在经历了两次世界大战后，西方国家的科学技术发展突飞猛进，成为推动国家安全和经济提升的重要引擎。对此，一些西方国家聚焦科技源泉，大力培育科研机构。其中，美国、德国、英国等国家建设了一批典型科研机构，这些科研机构在建设背景、目标定位、研究方向和运行机制等方面各具特色。按照功能导向不同，其组织模式可分为政府垂直型、市场导向型、"双手"交叉型。

（一）政府垂直型

政府垂直型科研机构是指由政府主导创建的研究机构，通常具有面向重大需求、承担国家使命、服务区域发展的性质，在一定程度上能够体现政府的职能和国家的意志。根据运营主体不同，政府垂直型科研机构可分为政府直接运营和其他机构运营两种模式。以美国能源部国家实验室为例，它是美国国家实验室体系中重要的组成部分，由美国能源部建立并实施监督和管理，由能源部、民营机构或大学组织并实施运营，主要服务于能源部，为美国在军事国防领域提供基础性支撑和战略性科技实力，是政府垂直型科研机构的典型代表。

1. 美国能源部国家实验室的建设背景与发展历史

美国能源部国家实验室大多起源于第二次世界大战时期。第二次世界大战期间，美国科学研究与发展局实施"曼哈顿计划"，在新墨西哥州、田纳西州和芝加哥大学分别组建了洛斯阿拉莫斯国家实验室、橡树岭国家实验室和阿贡国家实验室。第二次世界大战后，美国原子能委员会接管了战时的实验室，并无限期地延长了实验室的存续时间，后经过长期的发展，逐步拓展形成16个下属实验室。直至1977年，美国能源部正式接管所有实验室，并于1984年新成立托马斯·杰斐逊国家加速器实验室，最终形成涵盖多研究领域的国家实验室。

2. 美国能源部国家实验室的目标定位与研究方向

美国能源部国家实验室是为满足美国的国家需求而建立的，从建立之初就以国家战略目标为主要职责，从事国家安全与能源等领域的前沿基础研究和应用技术开发与转移。实验室以提供高质量的研发和生产能力作为最高目标定位，旨在使美国在科学、技术和国家安全等领域达到世界领先水平。美国能源部国家实验室整体上呈现跨领域、多学科、大兵团作战特性，下属的17个国家实验室既可以协同开展大规模攻关，又可以聚焦核心方向形成单点突破，如表5-1所示。

表5-1　美国能源部下属17个国家实验室的核心研究方向

序号	实验室名称	核心研究方向
1	埃姆斯实验室	新材料的研发与凝聚态物理学理论等
2	阿贡国家实验室	计算、环境与生命科学、能源与全球安全、光子科学、物理科学与工程等
3	布鲁克海文国家实验室	材料物化特性和能源等
4	费米国立加速器实验室	高能物理学与粒子物理学等
5	爱达荷州国家实验室	能源政策、国家安全和科学等
6	洛斯阿拉莫斯国家实验室	氢弹及其他形式核武器
7	劳伦斯伯克利国家实验室	物理学、生命科学、化学等基础科学
8	劳伦斯·利弗莫尔国家实验室	核武器
9	美国国家能源技术实验室	科学、技术与能源等
10	国家可再生能源实验室	光伏发电等可再生能源

序号	实验室名称	核心研究方向
11	橡树岭国家实验室	先进材料、生物系统、能源科学、纳米技术等基础研究
12	西北太平洋国家实验室	能源、环境、计算机、核能、放射化学等
13	普林斯顿等离子体物理实验室	等离子体物理学与核聚变等
14	桑迪亚国家实验室	核武器非核部分的发展测试
15	SLAC国家加速器实验室	原子物理与固态物理等
16	萨凡纳河国家实验室	环境整治、氢经济技术、危险物质处理和防止核武器扩散等
17	托马斯·杰斐逊国家加速器装置	提供发现核物质基本性质绝对必需的前沿的科学设施

根据研究性质不同，美国能源部国家实验室可分为科学研究和工程研究两种类型，研究领域大致可分为科学与能源、核安全和环境等，如表5-2所示。

表5-2 不同研究类型及领域的美国能源部国家实验室

类型	领域	实验室名称
科学研究类	科学与能源	埃姆斯实验室
		阿贡国家实验室
		布鲁克海文国家实验室
		费米国立加速器实验室
		爱达荷州国家实验室
		劳伦斯伯克利国家实验室
		美国国家能源技术实验室
		国家可再生能源实验室
		橡树岭国家实验室
		西北太平洋国家实验室
工程研究类	科学与能源	普林斯顿等离子体物理实验室
		SLAC国家加速器实验室
		托马斯·杰斐逊国家加速器装置

续表

类型	领域	实验室名称
工程研究类	核安全	洛斯阿拉莫斯国家实验室
		劳伦斯·利弗莫尔国家实验室
		桑迪亚国家实验室
	环境	萨凡纳河国家实验室

3. 美国能源部国家实验室的管理运行机制

（1）管理架构

为构建清晰、高效的管理与协调机制，美国能源部成立了国家实验室主任委员会。其成员由能源部的17个国家实验室主任共同组成，主要负责实验室间的协商互动，同时其下设执行委员会，定期与美国能源部部长及高层领导接洽沟通实验室发展战略问题，如图5-1所示。

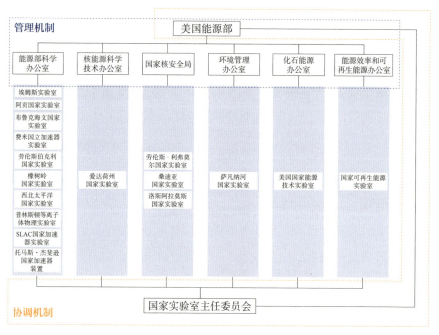

图5-1　美国能源部国家实验室管理组织架构图

（2）运行模式

美国能源部国家实验室的管理运行模式分为两类，第一类是政府直接管理运营的实验室，这类实验室的发展通常由美国能源部根据国家战略任务来直接决定，一般称为政府拥有、政府运营模式。目前，只有国家能源技术实验室属于这一类。第二类是政府监督，高校、企业或非营利机构管理运营的实验室，由美国能源部提供任务或目标，运营单位根据收到的任务组织实施运行，一般称为政府拥有、承包方运营模式。除国家能源技术实验室外的16个实验室均属于这一类。

（3）绩效评价

政府拥有、政府运营模式下，美国联邦政府采用基于《政府绩效与结果法案》的绩效管理方法对实验室进行组织运行与管理。该绩效管理方法要求实验室在年度预算与绩效计划中明确要达到的绩效目标和衡量绩效结果的可量化关键指标。然后，通过三色记分卡的方式进行考察，形成年度绩效报告。报告主要用来评估实验室是否达到预期的绩效目标以及是否能够完成能源部的科学使命。

政府拥有、承包方运营模式下，美国能源部通过与高校、企业或非营利机构签订管理运行合同的方式来实施监督与管理，实验室的运营权归高校、企业或非营利机构。为确保政府拥有、承包方运营型实验室所从事的研究与美国能源部的使命目标一致，美国能源部通常会在管理运行合同中明确要求各实验室必须做到以下几点：

①必须从事美国能源部分管领域内的基础研究和应用研究，如能源、核安全、材料化学、物理和生物等；

②必须愿意从事面向社会需求和国民需要的研究，如环境治理等；

③必须完成联邦政府下发的研究任务，如环境治理、生物标准体

系等；

④必须能够为国家引进和培养研究领域内的人才。

每年年末美国能源部会通过不同途径对各实验室进行考察，并形成年度评估报告。评估报告由专职人员进行监督与评审，评估结果在一定程度上将影响美国能源部对实验室下一年度的经费投入和合同续约。

（二）市场导向型

市场导向型科研机构是指由社会组织独立建设或联合建设的研究机构，在一定程度上能够体现市场需求和变化。该类机构通常具有面向特定行业、集聚创新资源、服务产业发展的性质。以德国弗劳恩霍夫协会为例，它是欧洲最大的应用科学研究领域的科研机构之一，主要为全球工业界提供新技术、新产品、新工艺，旨在促进德国实现应用产业创新的发展引领。

1. 弗劳恩霍夫协会的建设背景与发展历史

弗劳恩霍夫协会诞生于1949年，由103名德国科技工作者组成，以企业家弗劳恩霍夫的名字命名并注册，后经过多年发展，于1965年被确定为德国应用研究支撑机构。目前，弗劳恩霍夫协会在德国各地设有1个总部和72个研究所，同时在多国设有研究所和代表处，拥有24500多名优秀的科研人员和工程师。

2. 弗劳恩霍夫协会的目标定位与研究方向

作为一家非营利性科研机构，弗劳恩霍夫协会的定位为：面向以共性技术为主的应用型研究领域，开展未来产业核心技术和生产工艺的开发与优化、企业新技术推广、新产品测试、科技评估、认证服务等科技研发和服务工作。这一定位使得协会成功嵌入德国国家创新链条，成为德国学术界和产业界之间重要的沟通桥梁。

弗劳恩霍夫协会的研究方向分为两类，一类是面向产业界现实需求，围绕企业发展中所遇到的技术难题，提供技术和产品研发服务；另一类是依托协会自身强大的研发实力，面向未来产业开展导向性研究。弗劳恩霍夫协会的主要研究领域有：信息通信、生命科学、光和表面、微电子、生产制造、国防与安全、材料和零部件等。

3. 弗劳恩霍夫协会的管理运行机制

弗劳恩霍夫协会具有民办、公助、非营利的机构性质，有着精准的战略发展定位，精简的管理组织架构，独特的市场运作模式，灵活的人才共享机制和严格的监督保障制度等。

（1）管理架构

弗劳恩霍夫协会的管理组织架构与企业的管理架构十分相似，整体上呈现直线型，如图5-2所示。会员大会是最高权力机构，由协会成员组成，分为正式会员、普通会员与名誉会员。会员大会主要负责选举理事会成员、推举荣誉会员、修改表决章程等，每年定期召开一次。理事会是最高决策机构，由来自世界各地的政界、商界杰出人士组成，主要

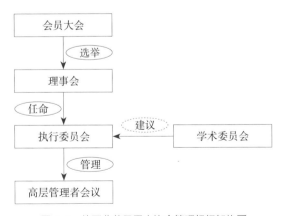

图 5-2 德国弗劳恩霍夫协会管理组织架构图

负责决策协会发展战略及其他重要事项，每年召开两次。执行委员会是协会的直接管理机构，由一位主席和三位高级副主席组成，主要负责协会的整体运行及聘任各研究所的所长，每五年一次换届，主席可以连任。学术委员会是内部咨询机构，由各研究所所长、高级管理人员及科研人员代表组成，主要负责论证发展规划和科研事项，以及对涉及下属研究所的重大发展事项提出意见或建议。高层管理者会议是运行协调机构，由执行委员会成员和8个技术联盟的负责人组成，主要负责各研究所重大事项的决策，每季度召开一次会议。执行委员会拟作出的重要决定需要获得2/3以上技术联盟负责人的支持才可正式实施。

（2）运作模式

弗劳恩霍夫协会配备了专业的技术研发、生产策划、信息咨询等团队为合作企业提供专业化的服务。此外，弗劳恩霍夫协会还会邀请合作企业一起全程参与技术开发和成果转化。这种直接面向市场的运作模式极大地提高了研发成果的转化效率，缩短了研究与产业化间的距离，为弗劳恩霍夫协会在应用领域的发展奠定了坚实的基础。

此外，弗劳恩霍夫协会将各个研究所设立在大学和企业内部，所长由各专业领域内资深的教授和专家担任，并与高校、企业形成双向人才流动机制，研究生可以参加协会的项目研发。弗劳恩霍夫协会的人员聘用采用市场化的"合同制"，人员管理实行固定岗与流动岗相结合的方式。

（3）绩效评估

弗劳恩霍夫协会主要通过每年一次的年度评估和每五年一次的绩效评估对所属研究机构的发展成效进行监督。同时，针对不同类型的项目制定了独特的考察方式，一般项目由研究所自行组织评估，大型重点项目由执行委员会评估，超过1000万欧元的特大项目由协会和公共部门共同组织评估，超过五年执行期的项目，协会在第三年进行中期考评等。

（三）"双手"交叉型

"双手"交叉型科研机构是指政府主导建设、市场主导发展的研究机构。在一定程度上，它既能体现政府意志，又符合市场发展规律，能够有效解决科技与经济"两张皮"的问题。以英国"弹射中心"（UK Catapult Centers，UKCC）为例，它是英国一批技术创新中心的统称，由英国政府资助，英国技术战略委员会负责建设，旨在促进英国科技成果产业化，加快打造科技与经济紧密结合的技术创新体系，是英国打造世界顶尖科技创新中心的重要举措。

1. 英国"弹射中心"的建设背景与发展历史

20世纪五六十年代，欧洲各国的研究主要以基础研究为核心，直到20世纪90年代，才逐步转向以技术创新为导向。为迎接技术创新的新机遇，英国政府提出创建"弹射中心"的计划。21世纪初，为将"弹射中心"融入国家创新体系，英国政府策划"三步走"战略，先布局建设"弹射中心"各创新中心，然后基于"弹射中心"的研究在不同领域建立知识网络，最后通过政府的一系列创新平台计划和创新政策将"弹射中心"纳入国家创新体系。目前，英国"弹射中心"在不同研究领域已建成细胞和基因治疗中心、复合半导体应用中心、运输系统中心、数字化中心、能源系统中心、高附加值制造业中心、药物研发中心、海上可再生能源中心、卫星应用中心、未来城市中心、精准医疗中心共11个研究中心，为英国高端创新发展提供了源源不绝的动力[①]。

---

① 根据英国"弹射中心"官网资料整理而成。

2. 英国"弹射中心"的目标定位与研究方向

英国"弹射中心"旨在解决英国高端创新发展过程中存在的一系列问题，如高端创新体系下合作伙伴间如何建立供应链，创新参与者如何规避高端创新带来的资金风险问题，政府如何协助创新参与者判断未来发展趋势、提供政策支持，以及政府如何有效调控实现国家高端创新领域战略发展，如何解决当前创新基础设施不足的问题等。

英国"弹射中心"主要面向高价值制造、细胞与基因疗法、运输系统、近海可再生能源、卫星应用、数字化、未来城市、能源系统、精准医疗、医药研发、复合半导体应用等领域，提供技术商业化的前期开发、产业新兴技术研发、应用技术市场化等服务，从而在研究与技术商业化之间架起桥梁。

3. 英国"弹射中心"的管理运行机制

（1）管理架构

英国"弹射中心"主要采用"政府+企业"的管理模式，由"创新英国"（Innovate UK，IUK）下设的咨询监督委员会进行监督管理，由非营利的独立法人实体负责各研究中心的运营。"创新英国"通常只规定英国"弹射中心"的发展目标，对具体执行方式和执行措施并不进行限制，各中心可以根据实际情况调整需求和商业模式。

（2）运行模式

英国"弹射中心"设有治理委员会，由用户和研究领域内的专家组成，主要负责中心日常运行。治理委员会内设有委员会主席、技术战略委员会和监督委员会。委员会主席即董事会主席，主要负责统筹各项工作。技术战略委员会主要由执行董事组成，负责处理中心内部日常管理。监督委员会由来自不同行业的、具有高级从业经验的人员组成，主要为中心网络运行提供意见和建议。

英国"弹射中心"的资金来源包括竞争性收入和非竞争性收入两部分，具体表现为三种形式：1/3的资金来自政府拨款，1/3来自公共或私营部门的竞争性资助，1/3来自企业的竞争性资助。英国技术战略委员会每年为每个"弹射中心"提供500万至1000万英镑（1英镑≈8元）的研究经费。

英国"弹射中心"的知识产权分配有以下三种方式：

①通过政府资金资助而产生的科技成果，其知识产权归英国"弹射中心"所有，可将其授权给企业用户；

②通过企业资金资助而产生的科技成果，其知识产权的开发权归企业所有，英国"弹射中心"可使用相关知识产权用于基础研究；

③通过政府和企业共同资助而产生的科技成果，其知识产权由双方按商业化方式进行协商。

这样的知识产权分配方式加快了英国"弹射中心"新技术的商业化和英国高技术产业发展。

（3）绩效评估

英国"弹射中心"具有独特的绩效管理方式，以是否创造财富作为最终评价标准，以明确性、相关性、经济性、适当性和可检测性作为指导原则设计创新评价指标，围绕链接产品和服务市场、与大学和知识机构联系、资本和财务来源、人员能力和技能、嵌入国家创新战略等维度，同时基于不同中心发展环境和技术参数，制定"弹射中心"关键绩效指标。

二、新时期建设新型科研机构的创新探索

近十几年，围绕新一轮科技和产业革命，全球科学技术发展正逐步迈向多极化，如何更加有效地组织科研资源成为各国谋求未来发展的重要考量。为适应当前国际形势和发展要求，西方国家不断探索科技创新发展的新思路，美国、德国、英国等在科技力量、科研体系和科研机构建设等方面发生了一系列转变。

（一）科技力量服务对象的转变

科技力量是推动现代生产力发展的重要因素和重要力量。国家科技力量通常体现了国家的综合实力和国际竞争力，主要服务于国家使命和任务。随着社会发展，国家科技力量的服务对象呈现出阶段性差异。

以美国为例，第二次世界大战期间，美国科技力量以服务国家安全为主，大多数国家科研机构面向国防和军事等领域开展武器研究，如洛斯阿拉莫斯国家实验室、橡树岭国家实验室等。1941年至1945年，美国参与军事研究的科研人员从6000人上升至近3万人。第二次世界大战结束后，美国经济复苏，科技力量主要以服务民生需求为主，如哈佛大学、耶鲁大学等原本主要从事军事研究的大学逐步转向以服务社会民生为主，IBM公司也从服务军方项目转向服务民用项目。当前，世界正处于大发展、大变革、大调整时期，国际竞争日益复杂，美国科技力量逐步转向以服务国家战略和社会经济为主。2021年1月美国总统科技顾问委员会发布《未来产业研究所：美国科学与技术领导力的新模式》，提出美国将在人工智能、量子信息、先进制造、生物技术和先进通信网络等领域组建一批覆盖基础研究、应用研究和新技术产业化全链创新的未来产业研究所，旨在解决当前美国科研体制上创新链与产业链割裂的问题，保持美

国在量子信息等前沿科技领域的优势，推动国家经济长足发展。

根据新时期美国的战略规划，未来产业研究所具有多部门参与、多元化投资、市场化运营的性质，被联邦政府赋予了科技创新、人才培养、生态贡献和科技规划等多重功能。其创新点主要体现在以下四个方面。

1. 管理模式创新

美国总统科技顾问委员会指出未来产业研究所将建立理事会管理机制，每个研究所由独立的理事会管理，理事会由机构内部成员和外部专家组成。理事会具有研究所核心领导团队的任免权，研究所项目和财务的审查监督权和研究所发展成效的评估权等，并为研究所的发展提供战略指导。理事会不参与研究所的实际运营，研究所由机构聘任的领域内专业人员进行运营和管理。

2. 资助模式创新

未来产业研究所计划建立项目提出机制。项目立项过程中以科研人员"提出"为主，不设定过多的条件限制。此外，根据研究方向和研究计划，未来产业研究所计划建立短期、中期、长期三种类型项目资助，并建立定期评审机制。

3. 服务链条创新

未来产业研究所计划全面布局从基础研究、应用研究、产品研发、规模产业化到市场推广的全链条创新体系，引导并推动政府、高校、科研机构、企业等多元主体合作，发挥政府和市场的作用，使其成为创新体系中贯通上下游、协同产学研的中坚力量。

4. 用人机制创新

美国总统科技顾问委员会指出未来产业研究所将采用灵活的人员结

构，通过双重聘任、联合聘任、阶段性聘任、学术交流等多种方式，让科研人员在其原单位和未来产业研究所之间实现自由流动。在数据共享、知识产权和利益冲突等问题上，通过事前签订合作协议的形式进行提前规避。

（二）科技创新体系建设的转变

科技创新体系是一个系统的概念，其构成因素包含创新主体、设施、资源和环境等。当前，世界科技竞争日趋激烈，世界主要国家为保持在全球科技领域的领先地位和竞争优势，纷纷加强科技创新体系建设。

以德国为例，长期以来，德国科技创新体系建设总体运行良好，在应用技术研究领域方面展现出较强的优势，但在基础创新和颠覆性创新领域与美国等发达国家相比仍有差距。2018年，德国国家工程院指出，德国众多基础研究成果未能带来国家经济增长、社会就业增加和人民生活质量改善。为此，在德国马克斯·普朗克科学促进协会会长马丁·施特拉特曼（Martin Stratmann）的建议下，同年9月，德国联邦政府发布的《高科技战略2025》进展报告指出未来4年德国将聚焦"应对社会挑战""构建德国未来能力"和"树立开放创新和风险文化"三大行动领域，设立突破性创新署（SprinD GmbH），专门支持具有突破性和创新性的研究。2019年，突破性创新署在莱比锡正式成立，主要为颠覆性前沿科技领域提供资金资助，并联合德国国内知名大学和研究机构共同开展前沿技术研究[①]。可以看出，德国在新时期完善国家创新体系方面作出了重要的战略规划。

突破性创新署的主要性质为资助机构，它并不直接聘用科研人员从

---

① 根据跨媒体德国信息门户网站（deutschland.de）资料整理而成。

事科研活动，是德国联邦政府在以竞争性项目资助之外的一种面向未来的新的尝试。其创新点主要体现在以下几个方面。

1. 角色定位创新

区别于德国典型的科研机构，突破性创新署的角色定位为：发现项目、资助项目、实施转化项目。该机构主要通过聘用职业项目经理来寻找、挖掘、维护颠覆性技术项目。

2. 治理结构创新

突破性创新署设有股东会、监事会、管理层和顾问委员会。德国联邦政府是唯一的股东，拥有监事会和管理层人员的任命权。监事会由联邦政府、领域专家、企业精英等组成，主要负责向管理层提出建议并实施监督。管理层主要从事机构日常运营和管理。顾问委员会由管理层任命，主要从事项目评估工作。

3. 资助方式创新

突破性创新署不设置项目指南，不根据标准化的项目资助计划开展工作，主要面向所有主题领域进行开放申请。除项目资助外，突破性创新署还提供融资、技术知识、商业服务、团队建设、品牌拓展等服务，为前沿创新项目提供全方位的支持。

（三）科研机构建设动向的转变

近年来，全球科技探索不断朝着物质、生命、能量等与人类息息相关的领域拓展。科研机构作为科技创新的重要力量，其建设动向通常能够体现出国家意志和社会需求，是影响国家科技竞争力的重要因素。

以英国为例，2012年至2019年，英国政府先后出台了《产业战略：英国行业分析》《新兴技术与产业战略（2014—2018年）》《我们的增长计划：科学与创新》《产业战略：建设适应未来的英国》等多个战略规划，明确提出要大力发展生命健康科学和清洁能源技术。2016年英国政府发布《科学和研究基金分配方案（2016—2020年）》，明确2016—2020年向能源、健康和先进材料等领域投入约29亿英镑，建设一批科研设施与机构。2017年，英国政府投入约3亿英镑创建英国失智症研究所和法拉第研究所，分别从事常见失智症和储能相关研究。2018年，英国政府投入超1.5亿英镑创建罗莎琳德·富兰克林研究所和英国健康数据研究所，分别从事生物学和生命健康学研究。与英国早期建设的"弹射中心"相比，这些新创建的科研机构，在组织模式和运行管理等方面都有较大的创新和突破。

英国失智症研究所、法拉第研究所等是新时期英国政府探索建立的"新型研发机构"，具有政府主导、多建设主体、大额投资等性质，代表了国家的意志和诉求。其创新点主要体现在以下几个方面。

1. 机构属性创新

英国失智症研究所、法拉第研究所等具有双重身份，分别为担保有限责任公司和慈善组织机构。担保有限责任公司是以政府、社会团体和知名协会等作为担保人，不以股份资本进行注册的机构。慈善组织机构可以享受多种税务减免政策，特别是在科研活动上取得的收入不需要纳税。这种双重身份属性使得英国失智症研究所、法拉第研究所等可以最大限度地享有科研活动自由，从而实现科学的自由探索。

2. 组织形态创新

英国失智症研究所、法拉第研究所等采用"轴辐式"模型，通过"一个中心+多个节点"的模式构建了新型组织形态。研究所的总部为模型中的"轴"，是组织的核心，下设的其他研究单位为模型中的"辐"，是组织的节点。下设的其他研究单位包括大学、研究院所等，这些单位在研究方向上各有侧重但又可以互相交叉融合，这使得英国失智症研究所、法拉第研究所等建立了覆盖多领域、多方向、多主体的紧密网络，形成了"大协同"的良好局面。

3. 治理结构创新

英国失智症研究所、法拉第研究所等具有双层治理结构，包含决策层和运营层。决策层主要负责研究所的重大战略和发展决策，由董事会、资金委员会、战略委员会、薪酬委员会等组成。运营层主要负责研究所的日常运营和管理，由所长和各业务部门的管理人员组成。这种双层治理结构使得英国失智症研究所、法拉第研究所等既可以进行灵活的研究活动，又符合顶层建设需求。

三、国外新型科研机构发展的启示

国外新型科研机构起源早，发展较为成熟，目前已形成很多值得借鉴的发展经验。从国外典型新型科研机构组织模式和新时期新型科研机构的建设可以看出，新型科研机构是基础研究与前沿高新技术的孵化器，为所在国家的经济和社会发展提供了巨大的科技创新动能，且随着社会进步和人类发展，新型科研机构的建设方向也逐渐趋向多元化。

（一）以服务国家战略为建设宗旨，建立政府参与的多元化投入机制

国家战略是为实现国家总目标而制定的总体性战略概括，指导着国家各个领域的发展。新型科研机构主要服务于国家、经济和社会发展对科技创新的巨大需求，是科技体制改革的重要产物，必须代表国家的意志，承担国家的科技使命。从20世纪的美国能源部国家实验室、德国弗劳恩霍夫

协会、英国"弹射中心"等典型科研机构到新时期的未来产业研究所、突破性创新署、英国失智症研究所、法拉第研究所等研究机构，无不承载着国家的责任和使命。政府的参与是确保研究机构在发展过程中围绕核心使命不动摇的重要保障，其中，政府参与的方式和程度一直以来都是各国探索的关键点。此外，多元化的投入机制是新型科研机构保持市场竞争性、规避市场不确定性风险的重要机制保障。

从美国、德国和英国的新型科研机构实践经验可以看出，各国政府均以不同的形式参与到新型科研机构的建设与发展过程中，并建立了多元化的市场投入和资金准入机制，既保证了机构的基本运行和前沿基础研究，又激发了机构开拓市场资源、保持市场活力和自主发展的积极性。

虽然不同国家的国情不同，但在建设新型科研机构的过程中，各国采用政府给予部分财政支持与争取市场竞争性资金相结合的投入机制，二者相辅相成能够让新型科研机构更加符合国家和社会发展的实际需求。

（二）聚焦核心方向，建立灵活的组织结构

当前，人工智能、量子信息、生物医疗、生命健康等领域逐渐成为全球科技竞争的核心方向。从新时期科研机构的建设方向可以看出，美国和英国在主攻方向上各有取舍，美国主要围绕人工智能和量子信息领域开展研究，英国则主要围绕生物医疗和生命健康领域开展前沿探索。在建设策略上，英、美两国均采用了"少而精"的建设规划，通过"少数主体机构+多数辐射机构"的建设形式，形成了覆盖多领域、多机构、多行业的研究网络。

此外，与传统科研机构相比，西方新型科研机构大多数都建立了扁平化的组织结构，具有较强的独立性和灵活性。例如，德国弗劳恩霍夫协会采用了决策与执行分离的组织结构，由理事会负责整个机构的管理与决策，由执行委员会负责机构的运行与实际业务操作；英国"弹射中心"采用"政府+企业"的管理模式，由咨询监督委员会进行监督管理，由非营利的独立法人实体负责各研究中心的运营；英国失智症研究所、法拉第研究所等采用双层治理结构，由决策层和运营层分权治理。这种扁平、灵活的组织结构不仅实现了科研与其他功能的明确划分，还促进了超越研究领域、专业限制的交叉研究。

（三）建立与市场相匹配的开放型生态系统

新型科研机构的建立是为国家经济建设和社会发展服务的，在运行过程中通常会得到政府一定程度上的支持，但为了保持机构的活力，政府不会无限制地提供资金支持，大部分机构需要主动参与市场竞争以获取多种资金支持，通过市场化的运作获得市场化的收益。因此，建立与市场相匹配的开放型生态系统，加强与各类企业和优质创新机构的合作，具有十分重要的意义。

从英国"弹射中心"的建设路径可以看出，该机构立足全球市场，和国际合作建设高能级创新生态系统，与国内和国际领先企业开展合作，为英国成为欧洲高新技术出口领先者提供了重要支撑。此外，英国联邦政府将重要的中小企业纳入创新体系，极大地促进了社会就业和经济增长。因此，新型科研机构应该尽可能地进行开放协作，摈弃传统封闭式、象牙塔式的运作模式，与国内外高校、企业及其他研究机构进行密切的协作和交流，建立有利于机构创新能级提升、有利于优势资源汇聚、有利于复合型优秀人才的培养和发挥的合作生态。

（四）建立多元化的评估机制，定期开展科学评估

新型科研机构是国家的重要创新资源，对其实施科学的评估是优化公共科研资源配置、提升科研机构创新活力、改善科研机构管理运营效

率的重要手段。当前，新型科研机构通常建设主体多元、经费来源复杂，呈现出多类型和跨学科等特性。因此，对新型科研机构的绩效评估牵涉面广，难度大，且没有一种新型科研机构的评估模板是适用于所有机构的，每个机构都在不断探索、完善适合自身发展的评估机制。例如，美国能源部国家实验室作为美国联邦政府的科研机构，其绩效评估制度受美国政府绩效评估的影响，实行以目标为导向的结果评估，主要采用基于美国《政府绩效与结果法案》的绩效管理和基于合同的绩效管理两种方式，并体现出绩效目标与能源部战略目标一致、资源决策和预算分配由评估结果决定、评估结果由独立审计员进行监督等特征，成为保证国家需求、提升管理效率的重要措施；德国弗劳恩霍夫协会主要是为企业和政府提供合同科研服务的非营利性机构，采用内部评审与外部评审相结合的评估方式，分别由内部的学术委员会和来自学术界和产业界的专家进行年度评估和五年一次的绩效评估；英国"弹射中心"从多维度、多角度来设计评价指标，既明确了一些具体的普适性评价标准，又基于不同中心发展环境和研究方向，制定差异化的关键绩效指标。

可以看出，各国都非常重视评估主体的专业性和科学性，一般采用第三方专业的评价机构或行业专家组成的评估小组进行专业评估，评估内容通常以被评估机构的功能定位和研究方向为基础，建立共通性指标和差异化指标两部分并结合定性与定量评估方法，定期开展科学评估。

此外，评估结果的应用也会对新型研发机构的发展产生重要影响。从国外的新型科研机构的实践可以看出，各机构均建立了严格的评估反馈和跟踪机制，被评估机构需要根据评估结果进行分析和组织优化，且大部分机构的评估结果都与经费投入挂钩，并展现出正相关趋势，以实现资源配置效益的最大化。

第二节　国内新型研发机构的创新实践

我国新型研发机构历经孕育、萌芽、探索、发展和逐渐成熟五大发展阶段，市场规模日益扩大、软硬件水平逐渐提升、社会服务能力显著增强，初步形成了投资主体多元化、管理制度现代化、运行机制市场化、用人机制灵活的发展格局。在这个不断探索、发现、纠偏的过程中，我们积累了大量的创新思路和实践经验。深入探析这些创新实践，将推动我国新型研发机构迈向新的良性发展阶段，进一步提升国家创新体系效能。

一、典型新型研发机构的实践案例

21世纪初，以中国科学院深圳先进技术研究院为代表的科研机构在管理运行上进行探索与创新，引领带动了一批创新型科研机构的发展，成为新型研发机构的起源，促进了科技与经济的紧密结合。目前，各地新型研发机构众多，但各机构在投资主体、发展目标、运行方式、体制机制创新等方面呈现出很多不同特质。根据机构研究性质、发展目标和运行模式的不同，本节选取了四家比较有代表性的新型研发机构进行案例剖析，旨在阐析我国新型研发机构当前面临的困境以及取得成功必需的关键要素。

（一）中国科学院深圳先进技术研究院

中国科学院深圳先进技术研究院（以下简称深圳先研院）是我国早期具有代表性的新型研发机构，在组织结构、经费来源、管理模式和人才政策等方面率先形成突破。

1. 建设背景与发展历史

根据中央建设创新型国家的总体战略目标和国家中长期科技发展规划纲要，结合中国科学院科技布局调整的要求，围绕深圳市实施创新型城市战略，2006年2月，中国科学院、深圳市人民政府及香港中文大学三方共同组建深圳先研院，旨在建设具有国际一流水平的新型科研机构，推动我国科技事业的发展。经过长达15年的发展，目前深圳先研院已初步构建了以科研为主的集科研、教育、产业、资本为一体的微型协同创新生态系统，在高端医疗影像、低成本健康和医用机器人与功能康复技术等领域实现了重大突破，成为建设创新型国家过程中的"火车头"。[①]

2. 目标定位与研究方向

深圳先研院的定位为：发挥在建设创新型国家过程中的"火车头"作用，成为国家和人民可信赖、可依靠的战略科技力量，引领和支持我国可持续发展，提升粤港地区及我国制造业、现代服务业、医疗医药业等领域的自主创新能力，成为新型国际一流的工业研究院。经过长期发展，深圳先研院逐步形成了"一个引领、两个接轨、三个一流、四个能力"的目标体系。

目前，深圳先研院的研究方向大致分为前沿基础研究和应用产业研究两类，前沿基础研究主要包括生物医学与健康、生物制药、生物材料、生物技术、脑科学、功能材料和可再生能源等，应用产业研究包括系统集成技术、数字技术、机器人与智能装备和精密制造等。

3. 管理运行机制

深圳先研院具有事业单位性质、企业化运行模式、市场化发展的组

---

① 根据中国科学院深圳先进技术研究院官网资料整理而成。

织特性。经过长期发展，深圳先研院已初步形成"科研部门+管理支撑+外溢机构+创新平台"四位一体的创新组织形态。科研部门包括先进集成技术研究所、生物医学与健康工程研究所、先进计算与数字工程研究所、生物医药与技术研究所、广州中国科学院先进技术研究所、脑认知与脑疾病研究所、前瞻性科学与技术中心、合成生物学研究所、先进材料科学与工程研究所及碳中和技术研究所，共10个部门。管理支撑机构包括公共事务与财务资产处、科研管理与支撑处、人力资源处、教育处、院企合作与创新发展处、院地合作与成果转化处、党群工作处、监察审计处和公共技术服务平台，共9个机构。外溢机构包括深圳创新设计研究院、深圳北斗应用技术研究院、济宁中科先进技术研究院、天津中科先进技术研究院、中科创客学院、苏州中科先进技术研究院、珠海中科先进技术研究院、杭州中科先进技术研究院、武汉中科先进技术研究院和山东中科先进技术研究院，共10家外溢机构。创新平台包括深港脑科学创新研究院、深圳合成生物学创新研究院、深圳先进电子材料国际创新研究院，共3个创新平台。

自成立起，深圳先研院积极探索体制机制改革，探索形成了一系列创新发展道路：

①采用理事会管理模式，以市场需求为牵引，协同外部机构开放办院，并根据国际科技前沿，结合地方社会、经济、产业发展，制定发展目标和发展战略；

②创新搭建"微创新系统"，集科研、教育、产业、资本为一体；

③遵循"巴斯德模式"①，形成学科交叉和集成创新的特色与优势；

---

① "巴斯德模式"指以应用为目标的研究范式，以企业促科研的经营模式，以自筹和社会募捐为主的经费保障。

④以知识产权引导科研方向，以市场需求引导产业方向，形成双螺旋产业化战略，合力推动产业化跨越式发展；

⑤创新人才培养模式，优化人才培育环境，加大高端人才吸引力度，完善人才服务，建设多级人才梯队，促进人才快速成长。

（二）江苏省产业技术研究院

江苏省产业技术研究院（以下简称江苏产研院）是一所新型科研机构，也是江苏省重大产业技术创新平台和创新体系的重要组成部分。江苏产研院在体制机制创新、技术转让、企业孵化等方面取得了良好的建设成效，为我国新型研发机构的蓬勃发展作出了参考性贡献。

1. 建设背景与发展历史

为响应国家关于科技成果产业化的政策要求，经江苏省人民政府批准，江苏产研院于2013年12月建设成立。江苏产研院不断探索发展，截至2020年年底，已建设研发载体58家，与55家海外知名高校（研究机构）、52家国内双一流高校建立战略合作伙伴关系，建设了以4个海外孵化器为主的8个海外平台，构建了集研发载体、产业需求和创新资源于一体，产学研用深度融合的产业技术创新体系，营造了包括人才生态、金融生态、空间生态在内的产业创新生态，成为推动江苏高质量发展的核心引擎。①

2. 目标定位与研究方向

江苏产研院定位于科学到技术转化的关键环节，着力破除制约科技创新的思想障碍和制度藩篱，探索促进科技成果转化的体制机制，打通科技成果向现实生产力转化的通道。

江苏产研院主要面向材料与能源环保、电子与信息技术、装备与制

---

① 根据江苏省产业技术研究院官网资料整理而成。

造、生物与医药、智能制造等领域，以市场为导向，深耕科技体制改革"试验田"，构建产业技术创新体系，营造产业创新生态。

3. 管理运行机制

江苏产研院由总院、专业性研究所和企业联合创新中心组成，实行理事会领导下的院长负责制。总院内设职能部门和专业事业部，主要负责开展研究所的遴选、业务指导、绩效考评、前瞻性科研资助以及重大项目组织、产业技术发展研究等。专业性研究所主要负责开展产业核心技术、共性关键技术和重大战略性前瞻性技术等研究与开发，储备产业未来发展的战略性前瞻性技术和目标产品。企业联合创新中心主要面向不同领域拓展产业化合作，实现资源优势互补。江苏产研院组织结构如图5-3所示。

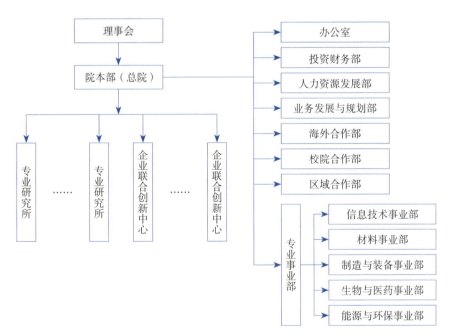

图 5-3 江苏省产业技术研究院组织架构图

江苏产研院在运行机制、建设模式、创新生态、资金投入、人才培养等方面形成了系列创新举措。

①双重运行机制。总院采用事业单位体制与市场化运营相结合的双重运行机制，属于财政全额拨款、无行政级别的省属事业单位。

②"一所两制"。专业性研究所采用加盟制，与总院签署加盟协议，机构原有性质、隶属关系、投资建设主体和对外法律地位等不做改变，同时实行"一所两制"，兼顾高水平创新研究和高效率技术开发的人员聘用管理。

③团队控股。专业研究所实行"一绑定、一分离"的轻资产运营新模式，由科研团队控股轻资产公司，办公场所、实验设备、中试基地等"重资产"属于公共技术服务平台，与运营公司分离，由国有资金支持，隶属国有资产。

④合同科研。不按人员数量分配经费，以向市场供给技术的业绩为评价指标，建立市场导向下的科研资源配置机制。

⑤三位一体。专业研究所核心团队采用"研发+孵化+投资"功能三位一体融合机制。

⑥项目经理。整建制引进产业领军人才来苏创新创业。面向全球招聘，选拔兼具一流专业能力与管理能力，能集成各类创新资源和要素，具有组织实施重大科技项目经验的国内外领军人才任项目经理。

⑦拨投结合。针对重点项目建立同行尽调、立项支持与市场化转股的拨投结合机制。在应用技术与产品研发中试阶段，对项目实行同行尽调，针对评估通过的予以立项、拨付资金支持，以解决创业早期难估值和研发资金需求难确定等问题，保障研究团队对技术的主导权。对处于融资阶段的项目采用市场化的投资方式。

⑧股权激励。通过股权收益、期权确定等方式让科研人员更多地享受到技术带来的价值。

⑨集萃"大学"。围绕产业技术需求与海内外大学开展研究生联合培养。

（三）北京量子信息科学研究院

北京量子信息科学研究院（以下简称量子院）是北京市委市政府积极响应中央战略决策，联合高校及科研院所共同建设的国际科技创新中心，在组织架构和运行机制等方面形成了良好的创新效应。

1. 建设背景与发展历史

北京是国内创新资源聚集地，在量子信息研究领域具有先发和领先优势，拥有全国最完整的量子学科布局、最强的研究团队、国际一流的实验平台和技术资源。2017年12月，为贯彻落实党的十九大报告中"要瞄准世界科技前沿，强化基础研究，实现前瞻性基础研究、引领性原创成果重大突破"等重大部署，北京市政府和中国科学院、军事科学院、北京大学、清华大学、北京航空航天大学共同签署了《北京量子信息科学研究院建设合作框架协议》，六方本着"战略引领、优势互补、资源共享"的原则，超前谋划、统筹部署、整合资源，借鉴发达国家国家实验室的组织架构和运行机制，创新体制机制共同建设成立量子院。量子院一期坐落于北京市海淀区中关村软件园，紧邻中国科学院、北京大学、清华大学等顶尖高校院所。截至2022年3月，量子院已引进首席科学家2名，全职研究员75位，兼聘研究员65位。[①]

---

① 根据北京量子信息科学研究院官网资料整理而成。

2. 目标定位与研究方向

量子院坚持"国家急需、世界一流、国际引领"的建设理念，瞄准建设世界一流新型研发机构的目标，面向世界量子物理与量子信息科技前沿，采取与国际接轨的治理模式和运行机制，整合北京现有量子研究领域骨干力量，大力引进全球顶级人才，形成了以国际一流科学家为核心的结构稳定、学科全面的研究梯队，同时组建了一支由世界顶尖工程师组成的技术保障团队，建设了顶级实验支撑平台，在理论、材料、器件、通信与计算及精密测量等基础研究方面取得了具有国际影响力的重大成果，并推动量子技术走向实用化、规模化、产业化，通过建立完善的知识产权体系，加强与产业界的紧密结合，加速成果转化，实现基础研究、应用研究、成果转移转化、产业化等环节的有机衔接，打造国家战略科技力量。

3. 管理运行机制

量子院是由北京市政府发起成立的独立法人事业单位，不设行政级别，研究院实行理事会领导下的院长负责制，理事会是研究院的决策机构，理事会设立评估委员会和审计委员会，薛其坤院士出任首任院长。目前，研究院下设5个研究部、2个平台、1个工程部、1个中心和若干管理与服务部门，如图5-4所示。

在科研布局方面，研究院瞄准国家战略需求，在量子物态科学、量子通信、量子计算、量子材料与器件、量子精密测量等研究领域进行布局，积极承担国家"科技创新2030—'量子通信和量子计算机'重大项目"等任务，产出了国际上首个电控二维磁振子阀、新型可编程光量子计算芯片等世界级的重大科技创新成果。

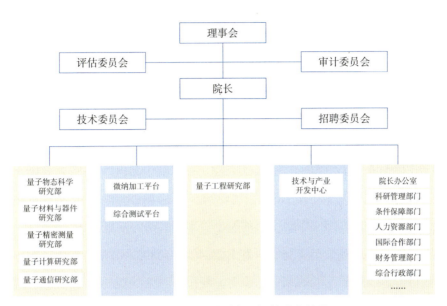

图 5-4　北京量子信息科学研究院组织架构图

在人才引进与培养方面，研究院打破了原有的事业单位编制化、管理体制化和工资定额化的模式，采用与国际新型科研机构接轨的灵活人员聘用制及薪酬浮动制等模式，积极吸引国内外相关领域内知名研究人员以全职或兼职等方式参与研究院的科研工作，推动高精尖人才灵活流动，实现人才的快速集聚。

在资源汇聚与共享方面，研究院建立了存量资源整合与新增资源共享的机制，通过整合现有资源并将其虚拟化以实现资源共享。设立量子信息研究与成果转化基金，吸引社会资金投入，汇集多方优势资源，建立创新生态，共同推进成果转移转化。建立知识产权共享机制，将知识收益更多地向一线科研人员倾斜，从而激发科研人员的积极性。

（四）青岛海洋生物医药研究院

青岛海洋生物医药研究院是由中国海洋大学创办的，具有独立法人资质的现代化企业研究院。研究院在治理结构、技术创新体系和应用与服务平台等方面建设取得了不错的成效，是山东首批省级新型研发机构。

1. 建设背景与发展历史

为顺应国家海洋战略和海洋产业发展向上的强劲趋势，2013年7月，中国海洋大学在国家海洋药物工程技术研究中心和海大医药学院的基础上注册创立青岛海洋生物医药研究院。研究院于2014年7月正式开始运行，创始人是我国著名的海洋药物学家、中国现代海洋药物研究的开拓者与奠基人之一——中国工程院院士管华诗。研究院坐落于风景优美、人杰地灵的海滨城市青岛，研发大楼面积约12800平方米，配备了国际先进的总值近亿元的高端仪器设备。经过8年的建设发展，研究院围绕海洋生物医药产业研发链条建立了6大产品研发平台、4大公共服务中心及产业子公司，将"科学→技术→工程→产业"进行了有效地贯穿，形成了以"科技研发"为核心，"技术服务和工程、产业化开发"两翼互动发展的生动格局。研究院现有在职员工150余人，其中中国工程院院士3人，美国工程院院士1人，教育部"长江学者"特聘专家1人，国家自然科学杰出青年基金获得者2人、优青基金获得者4人，泰山学者4人，教授级高层次专家和高级专业技术人员30余人，研发人员中具有博士、硕士学位的占98%以上。[①]

2. 目标定位与研究方向

青岛海洋生物医药研究院的目标是通过企业化方式运作，采取协同创新模式，疏通"科学→技术→工程→产业"链条中的瓶颈，打造海洋生物医药技术转移过程中的技术、工程熟化平台，提高成果转化率，推

---

① 根据青岛海洋生物医药研究院官网资料整理而成。

动海洋生物医药产业发展。

研究院面向海洋药物、海洋药用资源、海洋功能制品等研究领域，以及海洋药物工程技术、海洋新药筛选与评价等工程技术领域，从事海洋生物医药领域的科学研究及科技开发主导下的各种技术转让、咨询与服务，致力于加速海洋科技成果熟化开发和技术转移转化，支撑、引领海洋生物医药行业的科技创新，推进海洋生物医药产业的快速发展。

当前，研究院布局了四大重点任务，分别为：

①瞄准海洋活性天然产物领域，利用技术和工程熟化平台，打破产业发展瓶颈，加快现代海洋药物、海洋中药及各种功能制品的开发和重大成果的产出，带动海洋生物医药产业发展。

②利用现代生命科学研究的成果，结合现代技术方法，集成创新海洋药物的研发技术，形成具有自主知识产权的核心技术体系，形成强劲的国际竞争力。

③汇聚国内外海洋药物创新要素资源，打造国际海洋药物新产品、新技术开发的人才高地，构建国际海洋药物开发的技术交流中心。

④开展海洋生物医药行业的新技术和新产品的孵化工作，加快制药行业新产品、新技术的产业化步伐。

3. 管理运行机制

根据发展目标与定位，青岛海洋生物医药研究院建设成立5大科技研发平台、4大技术服务平台，研发与服务相辅相成，形成了涵盖海洋生物医药科学、技术、工程的全创新链条。其组织架构如图5-5所示。

在治理体系方面，研究院以科技研发为主导，既积极承接具有公益性质的科技服务业务，又开展科技成果的工程化和产业化转化业务，同时具备事业单位和企业单位的双重属性，建设形成了二元化法人治理体系。

153

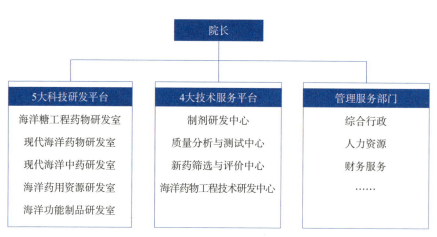

图 5-5　青岛海洋生物医药研究院组织架构图

在核心技术体系方面，研究院在海洋生物医药领域，形成海洋活性物质设计合成与成药、海洋活性寡糖制备、微生物多糖构效与定向发酵、海洋生物医药产品的质量检测与控制、肝素钠等各种动物多糖的制备及质量控制、海藻的高值化利用、海洋活性物质的高通量筛选、海洋天然产物分离提取8大核心创新技术体系。

在产业化方面，研究院按照协同创新模式的运作，打造了"政产学研用金"一体化的海洋生物医药协同创新基地，并成立海生洋润生物科技公司、海大海洋生物医药销售公司、海莱美生物、黑莓科技、华旗生物5大子公司，专业化提供相关技术咨询、服务及转让，将研究院的科技成果直接、迅速地与市场进行对接，实现高效产业化。

在人才方面，研究院坚持"以人为本"的人才工作理念，立足国内、面向国际，实行固定编制与流动编制、团队引进与个人引进相结合的原则，广纳世界各地优秀高端人才，逐步形成了学科交叉特征突出、专业互补性强、年轻学者集中、科技创新思维活跃的协同创新人才队伍。

二、新型研发机构长足发展的关键要素

新型研发机构是在我国新一轮科技体制改革的特定背景下产生的，是创新发展的新引擎，具有投入主体多元化、运行机制市场化等特点。从20世纪末至今，我国新型研发机构的发展已有20多年，其中不乏建设成效显著、创新能级较高、现代化治理能力突出的代表性机构，如中国科学院深圳先进技术研究院等。根据本节案例研究，结合国内新型研发机构整体发展现状，可以发现那些能够取得一定发展成效、发挥市场作用的新型研发机构具备一些共性的关键要素。

（一）构建服务国家战略目标和科技发展需求的科研组织体系

国家战略事关国家安全，是国家战略体系中最重要的、最高层次的部分，指导着国家的发展。科学技术是推动现代生产力发展的重要因素和重要力量，是国家综合实力的重要体现。作为我国科技创新体系的重要组成部分，新型研发机构承担着助力国家实现科技自立自强的使命和责任。

科研组织体系是实施"有组织的科研"的重要保障。科研组织体系包括科研组织架构、科研布局、科研条件、科研管理等多个方面。从国内典型新型研发机构的实践案例中可以看出，中国科学院深圳先进技术研究院等四家新型研发机构均面向国家战略领域或区域特色产业建立了多个研究中心，且通过扁平化的管理组织结构有效避免了行政冗余，提升了科研组织效率。此外，在科研条件建设方面，大多数新型研发机构都会谋划建设大科学装置，但由于各机构发展程度不同，装置建设的能级和进度有所差异。在科研管理方面，大部分新型研发机构都体现出以人为本、简政放权的重要思想，通过加大科研投入、简化立项流程、扩

大科研经费使用自主权等，给予科研人员更加自由的探索空间。

（二）建立符合科技创新发展规律的体制机制

改革开放以来，我国科技创新蓬勃发展，科技实力持续增强，取得了巨大进步和成就，但在应用技术创新方面与发达国家仍存在一定差距，尤其是关键技术自主创新薄弱、科技成果转化率不高，这主要是由于过去我国在科技创新方面存在诸多体制机制障碍。相比于传统研发机构，大部分新型研发机构都建立了符合科技创新发展规律的体制机制，主要表现为创新人才引育机制和科研管理机制、完善知识产权保护制度、构建创新生态体系等。例如，江苏省产业技术研究院创新科研资金投入机制和科研收入分配机制，极大地激发了科研人员的创新活力，为江苏产业发展提供了不竭动力；北京量子信息科学研究院创新资源共享机制，一定程度上提升了平台的资源汇聚能力，为区域发展集聚了大量优势力量。

（三）搭建吸引高端资源的创新平台

创新平台是建设科技创新高地的基础支撑，在创新发展中具有基础性、先导性作用，有利于"开渠引流"，拓展创新资源。当前，我国各地区新型研发机构发展水平参差不齐，且在运行机制和管理模式上也存在差异，但大多数机构都搭建了自身的创新平台。例如，中国科学院深圳先进技术研究院搭建了深港脑科学创新研究院、深圳合成生物学创新研究院、深圳先进电子材料国际创新研究院这3个高能级创新平台，其中深圳合成生物学创新研究院已汇聚形成一支年轻有活力、多学科交叉合作的前沿创新群体，极大地推动了深圳先研院高端资源汇聚能力的提升。侧重产业发展的青岛海洋生物医药研究院也是如此，研究院建设了制剂研发、质量分析与测试、新药筛选与评价、海洋药物工程技术研发等4大技术服务平台，在海洋药物研究和应用领域集聚了国内外大量行业创新资源，促进了青岛海洋产业的引领发展。可以看出，创新平台的搭建是新型研发机构保持可持续发展和竞争优势的要素之一。

（四）构建全链条科技创新体系

随着全球科技竞争日益加剧，科技创新体系自身的综合性与复杂性越来越高，科研机构面临着多学科相互交叉、多知识相互融合、多创新主体相互协同的挑战。新型研发机构作为科技革命和产业变革的产物，肩负着盘活创新资源，实现创新链条的有机重组，提升国家创新体系整体效能的重要使命。

当前，我国大部分新型研发机构都建立了全链创新体系，但是在发展侧重点上略有不同。如江苏省产业技术研究院与青岛海洋生物医药研究院主要侧重于创新链下游的技术转化、成果应用和产业孵化等，重点依托本机构或合作机构的创新成果，构建专业化技术转移和产业创新体系，推动各类核心技术在产业中的应用。北京量子信息科学研究院则侧重于创新链上游的基础理论和前沿技术研究，重点面向量子信息等世界前沿领域，致力于"从0到1"的原始创新与关键"卡脖子"技术研究，以源头创新带动社会发展。中国科学院深圳先进技术研究院则具有较为完整的全链创新体系，从基础研究到应用转化，构建了清晰高效的产学研协同创新机制，通过机构各组织间的彼此渗透、相互融合，促进资源的整合与流动，推动科技成果应用，实现创新价值的最大化。

可以看出，不少新型研发机构在自身组织内部构建了覆盖从研究到商业化全过程的微创新生态，虽然发展侧重不同，但系统的、完整的创新体系是必不可少的。

三、当前新型研发机构发展存在的典型问题

目前，在国家和地方的政策推动下，新型研发机构的数量快速增加，成为我国科技体制改革最具活力的"试验田"，但机构的整体创新力量和组织能力还较为薄弱，仍面临着众多发展困境。

（一）新型研发机构准入标准与功能定位较为模糊

2016年以来，全国各地新型研发机构数量快速增长，进入建设爆发期，机构形态多样，建设标准参差不齐。直至2019年，科技部指出新型研发机构是可依法注册为科技类民办非企业单位（社会服务机构）、事业单位和企业的独立法人机构。虽然科技部针对机构的性质给出了明确的定义，但是目前对于新型研发机构的准入条件暂无统一的标准，主要由各地根据区域自身发展状况进行界定，这给各地新型研发机构带来了灵活的发展空间，但也导致了各地对新型研发机构的界定存在差异化，难以从国家层面对机构的功能定位进行统一的详细分类。若无法明晰新型研发机构的功能定位，政府就无法进行有针对性的政策支持，只能出台一些普适性的政策，这一方面会导致部分机构为了套取政策红利而包装成新型研发机构，留下"钻空子"风险，另一方面，真正致力于科技创新和区域发展的新型机构无法享受到适用性更强的政策支持，不利于机构的长期发展和地区的创新突破。

（二）创新链与产业链之间缺乏深入融合

当前，全球科技创新进入空前密集活跃的时期，新一轮科技革命和产业变革方兴未艾。新型研发机构作为我国深入实施创新驱动发展战略的重要载体，是我国科技创新链上重要的组成部分，尤其在打通科技成果转移转化的"最后一公里"方面具有突出作用。大多数新型研发机构

在科学、技术和产业一体化方面进行布局，既聚焦创新链上游的基础研究和应用研发，重视原始创新，力争突破前沿技术、攻克"卡脖子"技术，发挥以源头创新带动产业发展的杠杆作用，解决特定关键领域和战略新兴产业发展中的技术瓶颈，又聚焦创新链中下游的科技转化、资源对接等，依托创新成果转化新机制，吸引相关专业机构进入平台，构建专业化技术转移和产业创新体系，加快推动关键原创技术在产业中的应用，提供各类科技技术服务和科技型企业的孵化与育成，形成全链条的创新体系。

如何真正推动创新链与产业链的深度融合，实现"围绕产业链部署创新链、围绕创新链布局产业链，推动经济高质量发展迈出更大步伐"，对于新型研发机构的发展至关重要。目前，在一定程度上，我国新型研发机构在科学技术研发上还存在聚焦产业发展瓶颈不够准确，面向产业需求不够精准，科技成果转化能力不强等问题。因此，如何弥合应用基础研究和产业化的鸿沟，拆除阻碍双链融合的"围栏"，促进创新链和产业链的精准对接，是当前必须着力解决的问题。

（三）国际化程度与高精尖人才不足

纵观世界科技发展历史，科技强国离不开一流科研机构的支撑。当前，随着经济全球化和区域一体化的发展，大多数新型研发机构秉持开放、协作、共享的发展理念，以国家战略或区域经济发展为导向，积极探索国际合作新路径和高精尖人才引进工作机制，加快实现机构与国际先进水平接轨。但从整体上看，由于我国具有企业法人性质的新型研发机构超过50%，机构由企业参与主导建立，规模一般不超过500人，主要面向企业所在产业领域进行技术研发和应用研究，因此很难在全球范围内形成较大的声誉和影响力。近年来，部分政府参与主导建设具有事业单位性质的新型研发机构，如之江实验室、鹏城实验室、张江实验室等，不论在机构规模还是国际合作上均呈现出较好的趋势，但由于建设时间不长，国际影响力还有待进一步提升。

人才是新型研发机构发展的核心要素和强劲动能，创新中心的竞争说到底是人才的竞争。当前，国内二三线城市的新型科研机构在资源配置和条件设施方面与一线城市存在较大的差距，对于人才的吸引力较弱。一线城市在资源配置和条件建设等方面具有天然的优势，但在房价、户籍、子女教育等方面存在诸多限制，若无强有力的政策支持，在一定程度上会使青年人才望而却步。与传统科研机构相比，新型研发机构起步时间晚，社会认知度相对不高，存在政策体系不健全等问题，尤其缺乏对高精尖人才的特有政策支持，导致人才吸引力不强，高层次人才短缺。

（四）缺乏有效的评估机制

有效的评估机制能够帮助新型研发机构优化资源配置，提升机构活力和建设成效。目前，政府参与主导建设的新型研发机构在科技创新和体制机制创新"双轮驱动"方面展现出较好的建设成效，集聚了一批优秀人才，产出了众多重大科技成果，探索建立了科技成果转化与产业化的创新机制，形成了良好的创新生态。但在新型研发机构发展建设评估方面，各地呈现出较大差异，暂未形成全国范围内统一的基础评价标准，这或许与我国新型研发机构准入标准和功能分类未形成清晰的界定有一定程度的关联。此外，这部分新型科研机构大多数属于事业单位性质，机构评价多类同于传统科研机构的评价模式，在成果导向、全员共享等方面没有形成良好的创新机制，导致内部创新动力不足。

企业主导建设的新型研发机构大多数以市场收益作为评价的第一准

则，未能将前沿科技和基础研究纳入评价体系，同时，由于缺乏相关领域专家的指导和参与，不少评价体系设计不完整、不科学，致使机构在绩效评估中过度注重短期利益，不利于组织的整体长期发展。

第六章

案例解构
之江实验室的创新发展实践

新型研发机构数量的激增带来了国家创新体系网络节点的繁密，与此同时一些新型研发机构的创新能级也在不断提高，足以比肩国家创新体系和区域创新体系中的既有科研机构。之江实验室作为浙江省首家省实验室，是新型研发机构中极具代表性和先进性的典型。为进一步分析新型研发机构个体在较短周期内快速形成具有较强竞争力的创新发展机理，本章以一般系统论为基础，构建了新型研发机构组织创新机理框架，并结合之江实验室的形成演化历程进行深入剖析，从而总结其创新实践的有益经验。

第一节　基于系统论的新型研发机构创新发展机理框架

一般系统论认为，系统是由相互作用和相互依赖的若干组成部分结合成的具有特定功能的有机整体。系统也可以被认为是从无序状态进入有序状态过程所形成的，系统所涉及的事物既因为呈现一定复杂性而不适合精确计算，又因为呈现一定秩序而无法适用统计，新型研发机构的运行发展及其创新功能实现的过程即是如此。借鉴霍尔三维结构，本书构建的新型研发机构演进历程及发展截面如图6-1所示。

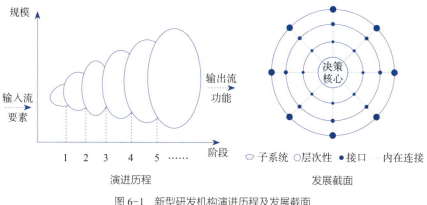

图 6-1 新型研发机构演进历程及发展截面

作为一个开放系统，新型研发机构经历了一系列连续且相互联系发展的过程。在创建期（见图6-1演进历程中的阶段1）吸纳了发起单位所供给的人才、资金、技术基础等各类创新要素。随着发展阶段的不断推进，新型研发机构吸收了外部环境所输送的创新要素并进行内化，从而由无序状态逐渐形成由子系统构成的具有层次性的结构化系统（见图6-1中的发展截面）。

任何系统都包含目标功能、要素及其内在连接，然而通常系统中能够被观察到的仅仅是系统的基本构成要素，即子系统，而对系统的功能起决定作用的目标及其内在联系却不易观察到。为进一步分析新型研发机构创新发展机理，本书基于一般系统论，构建新型研发机构内部组织机理分析框架如图6-2所示。

163

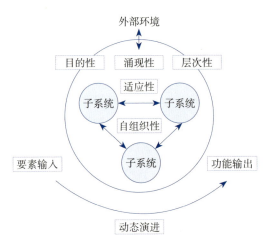

图 6-2　新型研发机构内部组织机理分析框架

　　系统的演进过程伴随着持续的要素输入和功能输出。子系统具有各自的特性和功能，在系统中通过内在连接实现系统整体的功能，从而使系统整体实现其目的性、涌现性、层次性、适应性和自组织性。

　　一是目的性。目的性是所有系统必然具备的基本特性，"几乎每一个系统都有一个重要的目标，那就是确保自我的永存"。系统的目标通常由其创设者赋予，同时受到所处环境影响，即便系统自身不具备主观意愿，但其中的各类结构和单元等也服务于人类所设置的目标，因而有时系统的目标也可认为是其功能。而子系统或系统的组成部分服务于系统整体的目标。新型研发机构成立之初的使命任务通常是系统目标。

　　二是涌现性。系统整体才能具备的能力、特性和行为方式等可以称为"涌现"（emergence）。对于新型研发机构等微系统而言，系统的"涌现"可以认为是新型研发机构所呈现出的创新创造特性或功能。"涌现"源于系统的组成部分即子系统之间的相互作用，这些子系统及其相互作用形成了系统整体的特性。新型研发机构的子系统间的持续交互不断推进系统涌现性强化，使得系统功能出现量变和质变。

三是层次性。系统的层次性和涌现性常常相互关联。如前所述，系统内部形态和功能各异的子系统共同构成了系统的结构，"系统和子系统的这种包含和生成关系，被称为层次性"。系统是一个整体，而子系统则是系统的组成部分。从整体和部分的角度而言，要使得系统整体最优，需要以合理的结构调动内部资源，这样一来未必所有组成部分都孤立地达到最优；反之亦然，由于所有组成部分都有自身的目标和功能，各自孤立最优未必使得系统整体最优，因此，系统常常需要统筹协调以优化配置资源。在实践观察中，新型研发机构的基本层次一般都包含了具有协调功能的管理单元和具有创新使命的科研单元。

四是适应性。良性运作的系统必然具有完善的反馈功能，系统对于环境的适应性主要依靠反馈来实现。通常而言，经过设计的系统能够通过与外界的信息交互跟进外部环境的变化，通过自身的反馈回路调整系统的行为，从而适应发展变化。系统的反馈回路包括调节回路和增强回路，调节回路将输入的要素及其影响维持在系统的预定目标附近，对系统的行为具有校正作用；而增强回路则会持续加剧某一影响。对于新型研发机构而言，通常对内部的行为和倾向施加作用的管理体制机制和行动决策等都可以视为应对外部环境变化的反馈回路。

五是自组织性。当开放的系统处于不稳定的动态演进过程中，系统中的大量子系统之间存在非线性的关联与合作行为，而这种关联耦合与子系统自身的独立性之间形成相互竞争关系。系统的自组织类型包括自创生、自复制、自生长、自适应等。在新型研发机构的发展演进过程中，自创生是指子系统相互联系自发产生前系统中不存在的结构和功能，如图6-1所示，从阶段1向阶段2的发展过程中会新增不同类型的子系统；自复制是指系统中的子系统不因个别子系统状态改变而改变，如新型研发机构中人才的流失和替补；自生长是指通过外界的资源输入，新型研发机构的基本功能不变但规模不断扩大；自适应则是指新型研发机构自身系统及子系统能够不断适应外界变化。

第二节　新型研发机构创新发展的案例选取

一、案例选取条件

新型研发机构的运行机制、科研模式、用人机制及投资来源等都和传统科研机构有所不同，为进一步分析新型研发机构的创新发展机理，本书选取了发展历程、体制机制及科研成果等具有代表性的之江实验室为案例进行分析，案例选取的主要考量因素包括：

第一，之江实验室的发展历程具有典型性。

之江实验室成立于2017年9月6日，坐落于杭州城西科创大走廊核心地带南湖科学中心，是浙江省委、省政府深入实施创新驱动发展战略的重大科技创新平台，也是国内较早提出争创国家实验室的新型研发机构。自成立以来，之江实验室在与外界环境互动的过程中，快速完成了自身实体构建，并形成了能够支持其目标功能实现的基本结构，是我国新型研发机构中处在螺旋上升期的典型机构，在同类机构中具有较高的显示度。

第二，之江实验室的体制机制具有先进性。

之江实验室是全国首家混合所有事业单位性质的新型研发机构，其组建体制被认为"能够吸收政府、高校、企业各自优势，实现1+1+1>3的效果"。在将近五年的发展历程中，之江实验室在科研组织、科研管理、成果转化、人才引育等方面实现了创新，推动了人才快速聚集、高水平成果大量涌现、创新资源多方汇聚。其体制机制的探索实践对于研究新型研发机构的科技创新发展路径和体制机制创新机理具有较高的价值。

第三，之江实验室的主攻方向具有代表性。

之江实验室以国家重大战略需求为导向，聚焦智能计算、人工智能、智能感知、智能网络、智能系统五大方向，迭代布局了基础理论、智能计算、类人感知与智能、智能芯片、智能装备、人工智能算法与平台、极限精密测量、数字反应堆及重大应用、智能机器人、智能网络与通信十大项目群。之江实验室所主攻的重大技术领域与国家科技创新布局高度契合，从而能够较好地体现新型研发机构立足国家或各省（区、市）科技发展战略领域布局的基本特点。

第四，之江实验室的创新成果具有突破性。

经过近五年发展，之江实验室在国内同类新型研发机构中较早且较快地形成了一批具有突破性、引领性和代表性的重大成果，如获得2021年国际计算机协会"戈登贝尔"奖的"超大规模量子随机电路实时模拟"、国际上神经元规模最大的亿级神经元类脑计算机、实现完全国产化替代的之江天枢人工智能开源平台、国内最大规模电子病历知识图谱系统、登上《自然》（*Nature*）杂志正刊封面的深海软体机器人等。这些创新成果的影响力和重要性不言而喻，促使之江实验室取得这些突破性成果的创新发展机制值得深入挖掘。

二、之江实验室的成立背景与发展现状

党的十八届五中全会以来，中共中央、国务院对国家实验室定位及布局提出了新的更高要求。2017年，浙江省人民政府率先提出创建国家实验室，并于当年8月22日发布《关于成立之江实验室的通知》，明确提出之江实验室的总体目标、主攻方向和组织架构。

　　2017年9月6日，之江实验室挂牌成立。2020年，之江实验室发展建设取得重大进展，成为国家战略科技力量的重要组成部分，并于当年7月成为首批浙江省实验室之一，牵头建设智能科学与技术浙江省实验室。

　　截至2022年年初，之江实验室已发表高水平论文400余篇，获得专利授权400余件；主导、参与并制定发布各类标准超过20项；与全球200余家知名高校、科研院所、行业龙头企业合作构建学研创新联合体，联合开展前沿研究、研究生培育和国际学术品牌创办。建立了与行业龙头企业组织化合作的可持续发展机制和全链条协同的成果转化体系，累计吸引社会资本投入合同金额约17.6亿元，培育科技创新企业8家，估值合计近20亿元①。

---

① 数据来源于本书课题组对之江实验室的内部数据统计。

第三节　之江实验室的创新发展模式

为进一步剖析之江实验室的创新过程与做法，本书基于系统论的新型研发机构组织创新机理框架，总结之江实验室的创新发展模式如下。

一、采取"混合所有制"的形式组建本体

系统的功能与外部环境相联系。浙江省人民政府主导成立之江实验室的初衷是"争创网络信息国家实验室"，之江实验室作为省属事业单位，在此基础上建立其本体结构。系统对外部环境的冲击因素越开放，其排斥新出现的发展机遇和路径的可能性越小。基于这一原因，之江实验室构建了被称为"混合所有制"的创新组建形式。这一形式在之江实验室成立初期被期望能够提供强大的政府财政支持、高校的科研智力和硬件资源、企业的高效管理机制和产业资源等。之江实验室历年所获得的财政支持经费、人才增长数量、制度建立及科研合作成效等均表明了这一组建形式具有实质性的助力。对此，其中值得进一步分析的问题在于，之江实验室的"混合所有制"组建形式如何发挥作用，其作用机理能够为理论界长期探讨和实务界试图寻求更优解的政产学研合作问题提供怎样的破解思路？

对这一问题的回答要从演进的动力机制来看。系统的演进包含外部力量干预演进和自我演进。一方面，浙江省区域创新生态系统具有自我优化和强化的需求，因而对区域创新主体实施正向控制，这一正向控制正是之江实验室发展的直接动因。浙江省政府通过制度和政策供给为之江实验室的发展提供了基本保障，并将物质流、信息流和知识流等导入

之江实验室。另一方面，之江实验室这一系统吸收了其他主体的基本创新要素后实现了自我演进。人才是新型研发机构的基本创新要素，之江实验室吸收的人才包括之江实验室管理体系主干人员和科研体系的科技工作者，其中，前者成为之江实验室"混合所有制"中的主要活动因子，其主要的作用在于通过吸收创新要素组建现代化的决策治理结构，即之江实验室理事会和主任负责制。

二、优化内部管理与科研组织结构

系统的结构决定了功能，没有合理的组织架构，就难以科学合理地调配资源，形成系统的优势。之江实验室成立近五年，已在智能科学与技术领域实现牵引性、战略性，接续产出具有高显示度的科研成果，并形成具备承担国家战略任务的能力，成功实现进入国家实验室体系的发展目标。究其根本，除了外部的资源导入，之江实验室自身不断调整演化的组织架构决定了其最终产出和实现的功能。那么，推动之江实验室实现了其初创使命的内在结构和演化是怎样的呢？

系统具有适应性和动态性，可以自组织、自我保护和演进。2017年成立之初，之江实验室内部并未成立管理部门实体，但客观上形成了之江实验室后期管理部门的基本架构雏形。这一时期，之江实验室实现"从无到有"的主要举措是以现有的管理人才队伍形成工作抓手，争取外部资金、人才、政策等资源加快导入。

2018年，随着外部环境资源持续进入之江实验室并成为系统内的发展资源供给，之江实验室的管理架构和科研组织架构正式建立，形成了综合管理部、科研发展部、人力资源部3个管理部门，以及未来网络技术研究院、人工智能研究院、重大科学装置研究院和5个交叉研究中心等科研单元，形成了"3+3+X"的基本组织架构。除此之外，通过建立学术咨询委员会，持续提高之江实验室的知名度和与高层次人才的接触面，在高标准的基础上扩大人才规模。在初步具备人员力量的基础上，根据科研战略谋划和研究方向，以首席科学家为牵引开辟新路，如之江实验室未来网络技术研究院、人工智能研究院就与首席科学家的研究方向高度契合。

系统的结构决定了功能，功能也会反作用于结构。系统常常根据信息反馈调整优化自身功能。在之江实验室的发展过程中，其子系统设置也经过了多轮调整，其背后的驱动因素既包括外部竞争态势的变化、国家实验室布局的调整，也包括内部各要素对任务目标的支撑性和目标方向的趋同性。在早期发展过程中，之江实验室的"研究院"尚未实体运行，直到2021年，之江实验室对将近30个研究中心进行了调整、重组、合并和撤销，形成了目前的稳定架构。之江实验室进入国家实验室体系后，其原有的目标功能已基本实现，为适应外部环境的新要求，2021年之江实验室正式推进研究院的实体化运行和研究中心的重组、合并、裁撤和新设，到2022年这一结构进一步演化形成"九部两办七院"的运行结构（见图6-3）。

根据战略部署和发展需求，之江实验室通过调整内部各子系统的职能和权力等连接关系，形成了具有更强适应力、更能承担国家战略任务的稳定结构。如将信息化职能从条件保障部调整至综合管理部以形成数据驾驶舱，满足智能化高效运行的需求；将横纵向项目分别划分至科研发展部与合作发展部，在确保重大基础研究和重大任务攻关的同时，推进挖掘和培育具有应用价值和市场前景的科研项目。同时，之江实验室

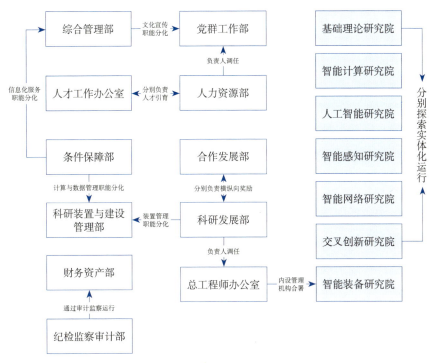

图 6-3　之江实验室组织架构图

正推进研究院实体化运行以实现本体的轻量发展。这既出于新型研发机构"投入-产出"的绩效考虑，更为重要的原因在于，智能科学与技术各主攻方向的创新全链需要依托载体，而研究院、研究中心等具有的自组织功能，能够通过自我进化生成全新的系统和功能，更快地拓展主攻方向的竞争优势。

任何一家机构都有其独特的组织架构、建构原因和发展演化进程，管理部门之间的职能调整实质是要素在系统内的流动，这种调整优化能够帮助新型研发机构更好地适应外部环境变化，而调整优化的前提是正确的战略预判。之江实验室的管理和科研组织架构或可为新型研发机构的发展提供一些新的思路。

三、以主任负责制为核心开展战略决策

在系统的所有要素中，能够改变内在联系和目标的要素是最关键的，因为这一要素与系统的目标和内在联系高度关联。系统内部嵌套着子系统，因此目标之中还存在另外的目标，子系统和个体的目标有时与总目标并不总是一致的。因此，除了资源禀赋和结构优化，新型研发机构的发展高度依赖主要领导的战略判断力和决策水平。主要领导是新型研发机构众多创新要素中最为关键的要素，主任负责制的制度安排赋予了实验室主任维护子系统与系统总目标一致性的强控制力。之江实验室内部已经形成了以主任负责制为核心的战略决策机制，在对国家实验室的布局要求、外界的竞争态势、自身发展过程中的实际问题等进行正确战略研判的基础上，进一步通过主任办公会和党委会确立其发展阶段规划和发展定位策略，并通过集体决策推动各项举措落地实施。由此，之江实验室在重要节点上得以实现正确的战略研判，为系列重大成果的产出谋得先机。

在发展规划上，之江实验室采取了"两年打基础、三年出成果、五年定地位"的分步走策略。由于复杂系统具有反馈延迟，因此系统的目标实现具有一定的延迟，在人才、科研设施和基础条件等存量不足的情况下，难以快速实现成为国家战略科技力量的目标。因此，之江实验室基于对发展规律的正确判断，经过两年的努力，强化了实现目标所必需的资源存量，尤其是人才存量。同时，在成立初期即产出系列重大成果，并在2020年至2021年间成功实现重大成果的井喷式涌现。

在发展定位上，之江实验室选择壮大发展自身而不是做平台。系统相较于网络更具结构性和持久性。系统和网络本身是相近的，二者都是

由一组相互联系的活动或行为主体组成的整体。但系统相较于网络更具有结构性，这种结构性决定了系统具有更持久的特征。之江实验室在成立发展的过程中曾面临是"坚持发展壮大自身"还是"做创新平台"的选择和角力，前者的核心在于以内生的创新驱动完成创建国家实验室的任务使命，而后者的核心在于成为一个汇聚多方创新资源的网络。最终，之江实验室选择坚持发展壮大自身，其根本原因在于，坚持发展壮大自身能够通过汇聚创新要素，使之江实验室逐渐成为一个具有长期发展基础的系统。

四、聚集高层次人才提升创新要素存量

人才是创新活动中最活跃的生产要素，也是系统中最为重要的创新因素，其本质是通过创造性劳动实现创新价值的人力资本，丰富多样的人力资本能够为系统带来有利于平衡、稳定和功能输出的流量。人才的种类越多，系统在面临复杂任务时的自我调节能力就越强，系统的稳定性就越高，适应和应对环境变化和竞争态势的能力也就越高。

之江实验室通过多元灵活的用人机制扩充自身人才存量，形成了相对稳定、动态平衡的人才结构，包括顶尖科学家、中心负责人、项目负责人、高级管理人才、专业骨干、科研及工程管理人员等。科技人才的数量和种类能够适应发展阶段需要，有利于系统的相对稳定发展和结构功能更新。

之江实验室根据发展阶段需求，在发展早期采用"凡才为我所用"的策略实施多元聘任制，以全职双聘、项目聘用、访问学者等方式汇聚了各类高层次人才，超过30%全职人员具有海外学习或工作经历。高层

次人才具有高新技术突破和重大科技攻关所必需的隐性知识和创造力，是所有人才种类中对新型研发机构自身体系影响最大的关键因素。自2021年成为国家战略科技力量的重要部分后，之江实验室转为"将帅先行"的人才战略，重点引进高层次人才。同时，之江实验室将高标准贯穿于人才发展的整个过程，对全职人才实施高标准遴选机制，人才进入实验室前均需要通过主任办公会审议，重要骨干人员由实验室主任亲自面谈。通过实施末位淘汰制和子公司供给辅助序列人才模式，实现人才的刚性流动和柔性流动。在维持人才的多样性和流动性的同时，确保人才结构的高质量发展。

技术知识通常表现为隐性知识，具有专用性、隐含性、生成性、累积性、路径依赖性、更新性、组织依赖性和收益难以独占等特性。隐性知识结构的配置决定了竞争力，而人才是隐性知识的载体，因此人才的配置结构决定了新型研发机构的创新功能。要实现创新效率和效益的提升，就需要有效合理地组织知识，使系统内的人才快速实现知识共享和集成，从而提升系统的创新能力。之江实验室内部打造了相对完备的育才体系和知识库，通过建立"传帮带"等机制，实现内部隐性知识的快速传递。

在创新系统的所有要素中，人才具有主观能动性，其创新能力发挥受到创新制度环境等因素的影响。之江实验室率先推出并实施《之江实验室人才工作改革方案》，在人才培育、人才评价和人才奖励等方面采取了更加符合人才和科研发展规律的突破性举措，大力度破除人才发展体制机制障碍。具体措施如下：

第一，以"引育并举"为战略指引重构人才工作体系。根据科研重大任务模块成立引才专班，形成了研究院（中心）与管理部门紧密联系的全球"以才引才"网络的工作机制，以国家战略科技人才力量建设为指引，转变新型研发机构"只用人、不育人"的短视思维。

第二，率先建立以创新质量和实际贡献为导向的新型评价体系。之江实验室以面向世界科技前沿、面向经济主战场、面向国家重大需求、面向人民生命健康的目标为指引，提出了以国际一流创新突破、国家战略能力、解决国家重大"卡脖子"问题、研制重大产品和装备、支撑国家重大攻关任务和平台建设任务、实施实验室重大战略性任务、推进重大应用、获得高等级奖励、发表顶级学术论文或牵头制定高影响力的国际标准、承担重要团队建设和公共服务这十大评价导向。

第三，面向高潜力人才采取重大突破性激励举措。在十大评价导向下，之江实验室在国内率先提出承担国家级项目子课题负责人视同项目负责人、实验室层级重大项目及成果视同省部级项目及成果等一系列创新性激励举措，极大地减少了人才科研攻关过程中的年龄资质等条件限制。

五、采用符合发展规律的科研攻关和管理模式

科研活动是之江实验室作为创新系统的基本功能，也是其发展过程中建立核心竞争优势的关键环节。之江实验室遵循大科学时代的科研规律，充分发挥"两核多点"既有优势，以"高原造峰"为基本思路建立了智能科学与技术领域的初始优势，以"大兵团作战"形成了承接国家重大科研任务的基本组织，并围绕科研全生命周期提供服务。

以"高原造峰"适应系统构建过程。科学研究过程和重大成果产生有其发展规律，创新的内在不确定性决定了依靠反复试错和深化理论认

识的长期过程不适用于新型研发机构的快速壮大和发展。因此，之江实验室采取了强化与外部顶尖科研机构及研发团队合作的方式，在智能技术与科学相关主攻方向上快速实现了隐性知识的获取和竞争优势的建立。这种研发合作的基础除了初创时即实现利益相关、人员内化为组织要素，最为重要的是还探索出了科研成果的保障机制等。围绕合作各方利益诉求寻找"最大公约数"，在充分保障各方利益的基础上，加速外部创新资源的导入和系统自身创新功能的强化。

以工程化和大团队攻关模式适应大科学规律。大科学时代的重大科研攻关需要庞大复杂的隐性知识支撑，单一的学科体系、专业技能或组织结构已经无法满足其要求。与此同时，在数据密集型科学研究范式下，交叉融合成为重大科研创新突破的主流趋势。因此，要支撑国家战略任务开展并实现重大科研突破，必须以工程化管理的方式推进大团队实施交叉创新。之江实验室面向国家战略需求在重点研究方向和关键领域形成了20余个创新团队，其中院士牵头13个。核心团队直接承接国家重大战略任务。为系统推进战略任务实施，之江实验室借鉴航天型号工程的系统思维，在管理体系中设立总工程师办公室，在科研体系中建设智能装备研究院，持续推进工程化管理体系建设，建立完善型号产品工作体系、质量管理标准体系和保密工作体系，并在内部建立了重大项目岗位的竞聘遴选机制，形成了承接国家重大战略任务、支撑关键核心攻关项目的工程化体系基础。

以全流程管理服务科研全生命周期。创新活动是之江实验室作为新型研发机构创新的核心，其核心内容是重大科研项目。重大科研项目的过程管理旨在通过对科研经费、设备和人员等资源的合理组织配置实现最佳效能。《国务院关于优化科研管理提升科研绩效若干措施的通知》

明确提出优化科研项目和经费管理，"针对关键节点实行'里程碑'式管理，减少科研项目实施周期内的各类评估、检查、抽查、审计等活动"。在具体科研项目管理的实践中，之江实验室实施了科研经费预算额度授权制、部分项目经费"包干制"、全过程财务指导与全覆盖经费审计等，破除科研项目推进的制度性障碍。同时，根据具体科研领域及方向的研发周期、重大指标突破、关键技术问题解决等因素，设置科研项目的"里程碑"管理节点，并配备"绿蓝黄红"四色预警机制，以实现有效监督。在推进科研项目的过程中，之江实验室建立了包含项目经理、行政秘书、财务秘书、人力资源业务合作伙伴、招聘专员、成果转化队伍等在内的专业化科研辅助服务体系。一方面以专业的人才服务保障科研项目顺利推进，另一方面有效桥接管理部门与科研单元实现系统内信息流的有效传递。

六、创新机制体制形成系统调节回路

"体制机制影响着科技创新子系统之间的结合，是生产要素之间发生联系和相互作用的桥梁"。体制具体表现为组织的制度或系统内成文的连接，机制是系统内各要素之间的配置方式或运行机理。

之江实验室内部已累计制定200余项制度，各管理部门和科研单元根据之江实验室或部门发展实际，在充分调研和论证基础上制定相应管理制度，并在征询内部各部门意见后，提交之江实验室党委会及主任办公会审议。

在制度体系之外，之江实验室借鉴质量管理的四阶段即"计划-执行-检查-行动"循环（亦称"PDCA循环"）打造了闭环反馈的工作机

制。各管理部门及科研单元对标之江实验室中长期发展目标、年度发展目标，并结合自身实际情况形成年度工作目标。在目标执行过程中通过督查督办、审计、调研等进行信息反馈并推动系统内各子系统和相关因素进行调整。

系统内包含了大量的子系统、个体要素及相互间的复杂关系，各子系统具有自身的发展目标和需求，并不总是与系统的目标保持一致。如前所述，之江实验室在发展过程中吸纳了人才及团队等外部创新资源，多元丰富的资源注入也同时意味着子系统与系统的目标，个体与组织的目标有所不同。为强化目标间的一致性，在制度体系和管理机制之外，之江实验室还塑造了以"科学精神、家国情怀"为核心的之江文化。之江文化作为一种共识，与体制机制一样，也是系统内部推动子系统和要素间关系调整和连锁反应的调节回路，在推动子系统与系统的功能目标保持动态一致的同时，能够兼容交叉创新所需要的多元文化要素。之江实验室作为新型研发机构，其组织运行创新包含了对传统军工企业所强调的家国情怀和市场经济条件下基于绩效评价导向的工作效能评估等多种方式的运用与结合。

七、嵌入国家和区域创新体系

之江实验室是区域创新体系中创新主体子系统的重要组成部分，也是浙江省在国家创新网络体系中布局的重要节点。区域创新体系和国家创新体系的发展需求及其对创新主体的功能定位有所不同，之江实验室以"坚持基础研究同时推进应用研究"作为嵌入国家和区域创新体系的路径。

从国家创新系统层面看，之江实验室通过大量汇聚全球各地的人才，实现了基础研究和关键技术突破所需的隐性知识流入和交互，为实现打造国家战略科技力量、成为国家实验室的目标提供支撑。同时，通过与其他创新主体开展大量的知识交互和技术合作，形成了代表性成果和高影响力。以科学网（Web of Science，WOS）核心数据库中作者单位包含之江实验室的所有文章[①]为例，之江实验室扎根中国的国家创新体系构建科研合作网络，同时依托机构内部从海内外招募的大量人才，拓展了与美国、澳大利亚、日本、新加坡、英国、加拿大、瑞典、丹麦、法国、沙特阿拉伯、芬兰等国家的高水平大学、科研院所、龙头企业及研究机构之间的合作关系，在国家创新体系的国家战略科技力量序列中逐步构建高影响力。

从区域创新体系看，之江实验室作为区域创新体系中的重要创新主体，在嵌入区域创新体系生发的过程中，以应用研究和成果转化融入和驱动区域创新发展，应用重大成果解决区域产业发展中的实际问题，渐进地发挥其在区域创新体系中的引领作用，以回应区域创新体系对其成果应用的需求。另外，作为区域创新体系中的重要部分，之江实验室具有与外部创新主体开展知识交互和技术合作的内在需求，推进应用研究能够增强之江实验室的系统韧性和应对基础研究创新突破风险能力。在2017年至2018年的成立初期，区域创新网络对之江实验室发展的支撑作用较大，在成立后一年内的主要合作对象为浙江大学。自2019年起，之江实验室合作节点开始丰富起来，已经拓展到中国科学院大学、北京航空航天大学、复旦大学、清华大学、上海交通大学、立命馆大学、皇家

---

① 检索日期为2022年3月28日，初始数据共574条。

理工学院等国内外顶尖科研机构，同时与科技企业也已开始合作。

除了基础研究，之江实验室还布局了应用研究和成果转化。之江实验室从职能部门分化中发起成立了全资子公司——之江实验室科技控股有限公司，将其作为科技成果转化孵化平台，统筹持有其他全资子公司、参股公司、成果转化公司等。并利用浙江省区域创新体系内民营经济发展基础雄厚的环境优势，发起成立了"之江实验室—知名浙商协同发展委员会"，开辟了组织化推进新型研发机构与龙头民营企业合作的创新路径，为之江实验室吸引社会资本投入和提高效率提供了重要助力。

第三篇

玉尺量才

新型研发机构的绩效评价

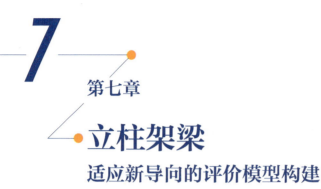

第七章

立柱架梁
适应新导向的评价模型构建

新型研发机构的绩效评价不仅要体现时代特征、组织特征、个体特征，也需要具备系统性和全面性，是一项系统性的工作。本章试图从既有的关于组织创新、新型研发机构绩效评价的相关理论研究中汲取精华思想，搭建出适应分类评价新导向的分析框架和模型，为下一步开发分类绩效评价指标体系及指数奠定架构基础。

第一节　新型研发机构绩效评价相关理论

一、新型研发机构绩效评价的五种理论模型

新巴斯德象限理论、TOE理论框架[①]、投入−产出分析、生命周期理

[①] TOE（Technology-Organization-Environment）理论框架是一种囊括了技术（T）、组织（O）和环境（E）三类影响组织创新及组织采纳新技术因素的综合性分析框架，能够解释复杂社会现象的成因并提取影响因素，具有高度概括性、灵活性和实用性。这使得TOE理论框架在识别驱动要素、构建解释模型、归纳发展路径方面具有良好效用。

论和生态位态势理论是新型研发机构绩效评价研究较多使用的理论工具，在评价内容、评价思路等方面各有优劣。

（一）基于新巴斯德象限理论的新型研发机构绩效评价

在新型研发机构相关研究中，新巴斯德象限理论的首要意义在于从理论高度深入阐释了在当今科技转化需求加速扩张的大背景下，新型研发机构的诞生与发展对于引导实现科学发现、技术发明和产业发展"三发联动"的重大意义。在此基础上新巴斯德象限理论指导了新型研发机构的绩效评价工作，推动投资主体多元化、管理制度现代化、运行机制市场化、用人机制灵活化等新型研发机构应当具备的发展特征落实到绩效评价这根"指挥棒"上。

新巴斯德象限是由我国学者刘则渊（2007）在美国学者D. E. 司托克斯（D. E. Stokes）提出的"巴斯德象限"的基础上进一步拓展深化而提出的概念。1997年，司托克斯在其出版的《基础科学与技术创新：巴斯德象限》（*Pasteur's Quadrant: Basic Science and Technological Innovation*）一书中指出，20世纪40年代美国学者范内瓦·布什（Vannevar Bush）在《科学：无尽的前沿》（*Science: The Endless Frontier*）中将科学研究简单划分为基础研究和应用研究的二元结构，割裂了基础研究与应用研究、科学与技术之间的动态连接关系，科学研究活动并不严格遵照"基础研究→应用研究→开发→生产经营"线性活动路径。他进而强调，原有的一维二分法应发展为两维四象限（见图7-1），其中巴斯德象限兼具基础研究的前沿追求和应用研究的实际需求两种性质，是产业创新的主动力，处于玻尔象限与爱迪生象限公共地带。但是巴斯德象限仅将基础研究与应用研究并存的领域定位为"应用激发的基础研究"。

		是	纯粹的基础研究 （玻尔象限）	应用激发的基础研究 （巴斯德象限）

图 7-1　科学研究的"巴斯德象限"模型

　　刘则渊（2007）认为科学研究的定义应该包含应用导向的基础研究和基础理论背景的应用研究这两者的结合，因此将其命名为新巴斯德象限（见图7-2）。新巴斯德象限强调基础研究与应用研究融合互促，而在基础科学产业化路径缩短、企业等技术接受方研发需求大幅增加的大背景下，作为新巴斯德象限的现实载体和典型代表，致力于科技成果转化的新型研发机构迎来蓬勃发展的重要机遇期，也为其开展绩效评价提供了现实基础和方向指导。

图 7-2　科学研究的"新巴斯德象限"模型

　　在新巴斯德象限理论的指导下，以江苏省产业技术研究院为研究案例，陈红喜（2018）认为对新型研发机构的评价要关注以下三个方面：

一是在理念定位上，新型研发机构需要服务地方经济、引领产业发展、回应战略需求；二是在主体架构上，要从研发机构"孤芳自赏"转变为政府、企业、高校、研究机构、金融业和媒体等多元主体"全民参与"，实现科技成果转移转化的"帕累托最优"；三是在机制路径上，新型研发机构要能够主动在治理机制、运行机制、科研评价机制、用人机制、激励机制等方面寻求突破，求新求变。而后进一步以新巴斯德象限理论为指引构建了新型研发机构成果转化扩散绩效评价体系，通过研发基础与活动、体制机制创新建设、技术研发与成果转化、孵化引进企业、集聚和培养高端人才、社会效益这6个一级指标来衡量新型研发机构的绩效，其特点是更加重视"成果转化扩散"方面的成效，体现了"新巴斯德象限理论"注重结合基础研究与应用研究的导向。

（二）基于TOE理论框架的新型研发机构绩效评价

采用TOE理论框架对新型研发机构绩效评价开展研究，能够从影响新型研发机构发展壮大的关键因素出发，通过综合考虑技术、组织和环境3类因素构建其绩效产出的路径模型，从而使得系统性衡量新型研发机构绩效水平成为可能。

张玉磊等（2022）基于TOE理论框架构建了技术、组织和环境3个层面的6个影响因素之间的新型研发机构创新绩效组态效应模型图（见图7-3）。综合借鉴创新生态系统理论、资源依赖理论等既有理论关于创新生态系统绩效影响因素的研究成果，该模型认为新型研发机构创新绩效在技术层面主要受到技术基础设施和高层次人才两个因素的影响，在组织层面主要受到研发经费投入和研发人员投入两个因素的影响，在环境层面主要受到政府支持和地区经济发展水平两个因素的影响。在这一框架下，他们进一步运用模糊集定性比较分析（fsQCA）对广东省39家

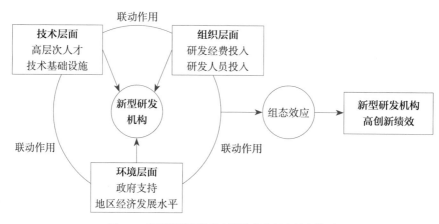

图 7-3　新型研发机构高创新绩效的组态效应模型

新型研发机构创新绩效产出路径进行了研究，发现新型研发机构高创新绩效实现路径共有技术驱动政府支撑型、技术驱动环境支撑型、组织支撑生态促进型、生态支撑人才促进型和全维度协同型5种情况，技术基础设施、高层次人才、研发经费投入、研发人员投入、政府支持和地区经济发展水平这6种因素均对新型研发机构创新绩效产生影响。若缺乏完善的技术基础设施，新型研发机构则难以在短时间内取得高创新绩效。

　　TOE理论框架从影响新型研发机构绩效产出的关键要素出发，为新型研发机构绩效评价提供了一种覆盖识别前置因素、挖掘核心因素的有效方案，对于中小型新型研发机构提高创新绩效具有较强指导意义。但是也需要关注到，这一理论框架的运用仍未脱离将新型研发机构绩效设定为科技成果转化成效的研究前提，从某种程度来说，以TOE理论框架为基础的绩效评价仍是新巴斯德象限理论的延伸与拓展。

（三）基于"投入-产出"分析的新型研发机构绩效评价

　　投资主体多元化是新型研发机构的重要特征之一，对新型研发机构开展绩效评价也是政府、高校、科研院所、企业和社会组织等投资主体的应有权益和现实诉求。其中，政府是大力投入资源支持新型研发机构发展的重要力量。近几年，新型研发机构在主体地位确立、科研项目申报和经费获取等方面都得到了科技部和地方政府的积极引导和大力支持。因此，政府也需要对新型研发机构开展绩效评价，以提高财政资金使用效率，并有效筛选出能够真正服务区域经济、驱动转型发展的目标机构，最终将有限的资源向高绩效表现的新型研发机构倾斜。

在这一现实背景下，诸多学者从"投入-产出"视角出发，注重对投入资源和产出绩效的界定与测量，并将管理机制视为投入资源整合的外显模式，从而以"资源使用效率"为重心构建新型研发机构绩效评价体系。经典投入产出理论由美国经济学家华西里·列昂惕夫（Wassily Leontief）首创，主要通过编制投入产出表及建立相应的数学模型，分析经济系统中产业间的相互依存关系。当前，多数学者围绕新型研发机构绩效评价开展的研究主要借鉴了"投入-产出"理论的基本框架，相关评价指标的选取则采用德尔菲法[①]、网络层次分析法和模糊评价法等，鲜有研究能够在确立评价指标的基础上继续采用数据包络分析（DEA）等方法进行"多投入-多产出"的效率测算与分析。

大部分学者关注到了新型研发机构服务于科技转化、企业孵化、产业发展和经济转型的目标定位，从"投入-产出"角度出发，围绕科研基础条件、创新产出成果和创新效益等维度，构建了包含机构注册资金、发明专利拥有量、主营业务收入、孵化企业数量、高层次人才引进

---

① 德尔菲法是一种定性与定量相结合的评价和预测方法，常见于社会科学研究领域。该方法由美国兰德公司于20世纪40年代末期创立，它是以匿名方式，通过多轮函询专家对预测事件的意见，由组织者进行集中汇总，最终得出较为一致的专家预测意见的一种经验判断法。

数量等子指标的绩效评价指标体系。与现有科研院所相比，论文发表和制度完善等要素不再是新型研发机构绩效评价的重点，主营业务收入、成果转化和技术服务收入在机构收入中的占比等要素的重要程度凸显，反映出多数新型研发机构现行绩效评价方案具有较强的结果导向。

从研究成果来看，"投入-产出"分析能够指导研究者从投入资源和产出绩效角度出发构建覆盖面较广、实操性较强的新型研发机构绩效评价指标体系，因此成为目前多数学者开展相关研究的分析框架和内隐逻辑。但是从理论角度回溯，可以发现有关研究还存在以下三个方面的不足：一是立足某一时点的投入资源和绩效产出对资源使用效率进行量化衡量，难以确定其核心目标是识别资源投入的收益率抑或是识别资源投入的稳健性；二是基于现有产出进行组织绩效评价，不能充分把握新型研发机构的内生活力和未来潜能，也就不能科学合理地衡量新型研发机构的真实实力和完整绩效；三是"投入-产出"二分法割裂了资源汇聚、交融、发挥和回馈等环节，未能将新型研发机构的成长壮大视为动态过程，导致对某些关键性因素定位于投入资源还是产出绩效相对模糊，甚至将人力资源要素视为产出绩效，这一差异将影响到对资源投入效率的测量。

（四）基于生命周期理论的新型研发机构绩效评价

"生命周期"概念起源于生物学，用于表述生物体从最初形成到最终消亡的全过程。1959年美国学者马森·海尔瑞（Mason Haire）率先将这一概念引入组织管理领域并提出企业生命周期理论，他认为企业发展与生命体生长具有相似规律，都会经历调整期、对数期、稳定期、衰亡期等发展阶段，因此可以将企业的发展视为生物体生命周期现象的一种模拟。此后，学术界开始认识到生命周期理论在组织管理研究领域具有较强的解释能力和指导意义，它能够从延长组织生命周期、推动组织可持续发展的角度出发，为处于不同生命周期阶段的组织寻找相对较优的管理模式、确定相对核心的竞争能力、促成相对高效的组织结构等。

作为一种新兴组织模式，新型研发机构的资源需求、管理模式、核心能力和关键产出与现有科研机构存在明显差异，也在不同生命周期阶段中持续变化。因此，绩效评价也需要伴随新型研发机构生命周期阶段性发展，创新性地采取相应的权变策略，构建分阶段绩效评价指标体系，使组织发展阶段与绩效评价方法相匹配，才能真正引导新型研发机构实现可持续发展。从生命周期角度出发，对处于不同发展阶段的新型研发机构开展绩效评价需要关注以下三个方面的差异。

一是目标导向不同。新型研发机构发展初期主要解决运行经费、人才吸纳、基础设备等资源集聚问题，发展中期着力于解决开展主营业务、健全管理机制、转化科研成果等经营模式问题，发展成熟期则需关注企业孵化情况、整体科研实力、社会影响力、特色产业等发展模式问题。

二是资源需求不同。新型研发机构发展初期对政府财政资源、高校院所科技资源依赖较强，发展中期对企业产业化资源、风投资金依赖较强，发展成熟期对外部资源依赖程度逐渐降低，对外输出资源力度逐渐增大。不同发展阶段中资源需求重心的转变将进一步影响到各投资主体合作模式的转变。例如，发展初期政府和高校院所以项目资助方式帮扶新型研发机构发展，发展中后期企业和社会组织以风投、企业孵化、共性技术研发等方式与新型研发机构开展合作。

三是能力要求不同。新型机构发展初期可重点关注技术研发能力和资源集聚能力，发展中期在关注技术研发能力和资源集聚能力的基础上还应重点关注内部管理能力、科研成果产业化能力，发展后期则可关注产业孵化能力、持续创新能力和社会服务能力等。

（五）基于生态位态势理论的新型研发机构绩效评价

"生态位"这一概念起源于生物学，用于描述"允许一个物种生存和繁殖的特定环境变量的区间，或一种生物与其他生物和生态环境全部相互作用的总和"。这一概念较好地描述了某一单元自我生长发展和向外动态交互的形态，因此逐步拓展应用至经济发展、企业管理、城市研究、科研管理等领域。

生态位态势理论是对"生态位"概念的延伸与深化，系统阐释了自然或社会中的生物单元在生物圈及环境中持续生长发展并建立相对地位的过程，能够反映生物单元的综合竞争力和发展潜力。该理论认为，任何生物单元都具有"态"和"势"两方面的属性，其中"态"是生物单元的状态，是其过去生长发育、学习、社会经济发展以及与环境相互作用积累的结果，一般呈"S"形曲线；"势"是生物单元对环境的现实影响力或支配力，包括能量和物质变换的速率、生产力、生物增长率、经济增长率、占据新生境的能力等，一般呈"钟"形曲线。生态位即生物单元"态""势"总和的比值，体现了该生物单元的相对地位和作用。

万伦来（2004）率先将生态位态势理论引入组织绩效评价研究领域，并从"态""势"视角出发将组织单元生态位解剖为生存力（反映组织"态"的属性）、发展力（反映组织"态"和"势"界面的属性）、竞争力（反映组织"势"的属性）。其中"态"和"势"界面既含有"态"的因素，又具有"势"的成分，反映的是企业内部构成要素之间的相互协调性，如组织界面管理能力、组织战略管理和营销管理能力等。延续这一思路，张光宇等（2021）认为新型研发机构可被视为"创新生态系统中的一个创新种群"，其生态位可被界定为"在一定的社会经济环境下，新型研发机构凭借其拥有的各种资源，通过内部协调管理和价值传递等过程，能动地与环境及其他组织相互作用而实现创新的能力"。具体来说，新型研发机构的"态"是其在过去长期发展过程中所控制的资源、积累的社会影响和市场价值等，"势"是其对环境的支配力和影响力，"态"和"势"的交界面是连接创新主体与推进技术研发的中介价值。这一界定反映了新型研发机构作为一个创新种群与其他创新种群共生共存、协同发展的关系，又从综合竞争力和未来潜力出发对新型研发机构绩效进行了综合识别，并推动构建了基于生态位态势视角的新型研发机构核心能力评价框架（见图7-4）。

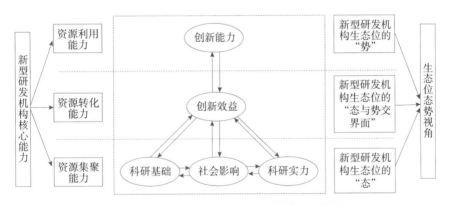

图 7-4　基于生态位态势视角的新型研发机构核心能力架构

借鉴生态位态势理论对新型研发机构开展绩效评价具有三个方面的优势：一是生态位态势理论能够关注内部因子与外部环境的交互，使得新型研发机构绩效评价不局限于资源集聚，也重视资源转化和资源利用；二是生态位态势理论能够关注新型研发机构发展的不同阶段，同时以"生态位"为锚（而不是以阶段划分为依据）来进行绩效评价，更能凸显影响新型研发机构的核心要素；三是生态位态势理论能够适应不同类型、不同性质和不同阶段新型研发机构的绩效评价，能够反映其特征差异、生存能力和竞争潜力。

此外，基于生态位态势理论的新型研发机构绩效评估研究结果表明，新型研发机构要保持强大的核心能力需要占据较高的生态位，但是生态位宽度（所利用的各种市场环境资源的总和，或对市场环境资源适应的多样化程度）并非越宽越好，宽度增加须在自身承受范围之内。当市场环境趋于饱和时，寻求生态位差异化才是新型研发机构生存与发展的关键。

二、既有模型的适用性

对新型研发机构开展绩效评价是一项兼具系统性、综合性和长期性的工程，并需要着重回应行政支持与市场导向、短期成效与长期发展、成果不确定性与可持续能力培育等多个方面的冲突。但是，合理有效的绩效评价不仅能够正确识别、衡量机构实力，对机构发展路径进行引导、激励，更能在新型研发机构这一新兴领域开拓组织绩效评价研究的新天地。为此，众多学者开始深入探索新型研发机构绩效评价，并从新巴斯德象限理论等多种理论或视角出发尝试构建评价指标体系。

综合现有研究成果来看，新巴斯德象限理论侧重于从新型研发机构推动基础研究与应用研究融合互促的目标定位出发，尤其关注对科技成果转化进行绩效评价。TOE理论框架将新型研发机构视为创新主体，更注重识别影响新型研发机构创新绩效产出的关键因素，通过综合衡量技术、组织和环境这3个维度进行绩效评价。"投入-产出"分析围绕"资源投入收益率"这一重心对投入资源和产出绩效分别进行界定和衡量，能够通过清晰界定投入与产出因素快速响应现实需求和实操要求。生命周期理论重视处于不同发展阶段的新型研发机构绩效导向的差异性，引导新型研发机构采取权变策略，以延长组织生命周期、推动组织可持续发展。生态位态势理论则将新型研发机构视为一个组织单元，从过往积累的"态"、现实支配的"势"和注重资源转化的"态与势交界面"三个角度出发，以"生态位"为锚综合评估新型研发机构绩效。

然而，现有理论或分析视角对新型研发机构绩效评估的方向思考和实践指导仍非尽善尽美。新巴斯德象限理论和TOE理论框架较多关注了新型研发机构在创新领域的重要作用，对新型研发机构作为一种新兴组织模式的相关贡献的考虑却相对不足；"投入-产出"分析着重于新型研发机构绩效评价的现实需求，相对侧重于短期成效而非长期发展，对通过绩效评价引领新型研发机构创新式、跨越式发展的思考相对较少；生命周期理论虽然关注了新型研发机构阶段性发展的差异，但是对于发展阶段如何划分、资源需求如何界定、能力要求如何识别等方面尚未形成清晰的思路与方向；生态位态势理论能够综合内外部因子交互和前后期能力转变等动态变化，反映不同阶段、不同类型的新型研发机构的特征差异、生存能力和竞争潜力，但是其对"生态位"的测算仍未完全达成共识，还需要在系统性、完整性、耦合性等方面加以提升。

第二节　新型研发机构绩效评价的研究进展

自新型研发机构兴起以来，如何科学合理地开展绩效评价一直困扰着各新型研发机构。本节重点是系统梳理当前新型研发机构绩效评价的相关理论研究和实践进展，总结既有文献和政策文件构建新型研发机构绩效评价指标体系的主要思路、分析维度、重点指标和评价方法等。

一、新型研发机构绩效评价研究热点知识图谱

可视化文献分析软件（Citespace）由美国德雷克塞尔大学信息科学与技术学院陈美超教授团队开发，广泛用于探测和展示某一研究领域学科前沿的演进趋势和热点动向。本文借助Citespace软件（版本为5.8.R3.64-bit）对新型研发机构绩效评价文献进行可视化分析，利用关键词共线等功能绘制绩效评价研究知识图谱。

以"新型研发机构""评价/评估"为"主题"进行模糊匹配，从中国知网（CNKI）的跨库检索中，共检索出142篇与新型研发机构评价或评估有关的研究文献，时间跨度为2014年至2022年，发文数量在整体上呈波动上升趋势（见图7-5）。这与新型研发机构兴起晚、发展快的客观情况基本保持一致。

为提高文献可视化分析的精准性，根据文献主题的契合度、期刊等级和类型（剔除普刊、报刊、会议等文献类型）、文章质量等标准，继续对142篇文献进行二次人工过滤，最终筛选得到22篇有效文献。对上述22篇文献进行关键词聚类分析，具体分析步骤如下：

第一步，转换文献数据格式。先将已选文献从中国知网数据库中

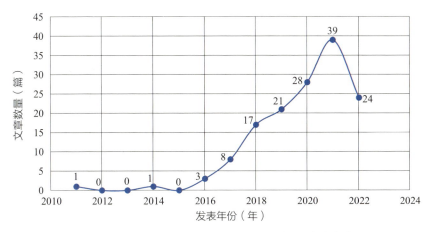

图 7-5　2014—2022 年新型研发机构绩效评价发文量年度曲线图

以Refworks格式导出，再借助Citespace软件自带的数据转换功能，将Refworks文献格式转换为Citespace可识别的"download_"前缀数据格式，分别存储在input、output、data三个文件夹中。

第二步，设置分析参数。根据所选文献的发表时间，在Citespace分析界面中将时间跨度设置为2014—2022年，时间切片（Time Slicing）设置为1年，将文献的被引频次c（citation）、文献的共被引频次cc（cocitation）、文献的共被引系数ccv（cosinecoefficient）以及关键词的阈值（Threshold）分别设置为2、2、20、2。

第三步，绘制关键词聚类网络图谱。利用Citespace软件中的关键词路径计算法，计算出关键词的共线频率和中心度，经过参数调整之后绘制出2014—2022年新型研发机构绩效评价研究的关键词聚类网络图谱（见图7-6）。

尽管目前学界真正研究新型研发机构绩效评价或评估的文献数量有限，但上述文献可视化分析结果对于洞悉该领域的研究热点提供了较为

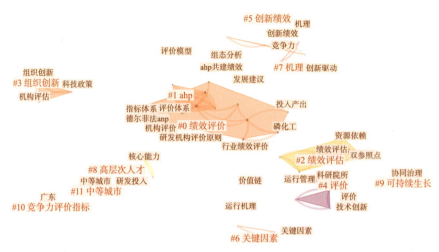

图 7-6　新型研发机构绩效评价研究的关键词聚类图谱（2014—2022 年）

清晰的线索。统计分析结果显示，22篇文献中共有关键词38个，连接线
39条，连接密度为0.0555。综合11个关键词聚类色块可以发现，新型研
发机构绩效评价研究文献主要关注以下几个议题：一是绩效评价或评估
研究，这类文献侧重运用层次分析法、德尔菲法等统计分析方法构建新
型研发机构的绩效评价指标体系，比较常见的理论工具是资源依赖理
论，也有不少学者从"投入-产出"角度衡量新型研发机构的绩效结果。
二是组织创新评价研究，这类文献经常将科技政策作为重要的分析资
料，探讨新型研发机构区别于传统科研机构的创新之处。三是创新绩效
的关键影响因素及其作用机理研究，这类文献的关注重点不在于评价新
型研发机构的外部绩效水平，而将研究焦点落在如何取得更好的组织创
新绩效上，试图识别出驱动创新的关键因素，并剖析这些关键因素影响
创新绩效的作用机理，提出相应的发展建议。四是竞争力和可持续发展
能力评价，除了绩效产出水平，新型研发机构的竞争力和可持续发展能

力也是学者们较为关注的内容，比如探究跨组织、跨界协同创新是否增强了新型研发机构的可持续生长能力，构建了竞争力评价指标体系等。

二、新型研发机构绩效评价指标体系的创新探索

关于构建科学合理的新型研发机构绩效评价指标体系，不仅科技研究者尝试寻求突破，各地政府也积极展开探索，制定了指导促进本地新型研发机构发展的绩效评估方案。

（一）学理研究中的新型研发机构绩效评价指标体系

通过中国知网数据库检索，共检索出10篇关于新型研发机构绩效评价指标体系的高质量文献。进一步对上述文献构建的新型研发机构绩效评价指标体系进行归纳和统计分析，得到各项常规二级指标的基本分布（见图7-7）。

出于分析视角、评价重点等差异，不同学者在指标选取、指标描述、评价标准上各有侧重。为便于统计，本书将描述不同、指向相同的二级指标进行同类合并，并摘选了出现频次较高、适用性较强的主要指标。如图7-7所示，每一种色块对应一个评价维度，色块的区域面积对应每一个指标出现的频次，面积越大则表示该指标出现的频次越高。

根据指标的分布情况可见，研究基本围绕科研投入、体制机制创新、科研创新能力、科研创新效益、成果转化与服务、人才集聚与培养、开放交流这7个维度展开。其中，重要性居于首位的是科研创新能力，无论是论文发表、成果获奖、课题项目、专利标准还是创新平台建设，都是各个指标体系中不可或缺的部分。其次，人才集聚与培养被认为是新型研发机构绩效产出的重要体现，尤其是研发人员、高层次人才

图 7-7　新型研发机构绩效评价指标的文献统计

和创新团队规模。不同于传统科研机构，新型研发机构既面向科学，也面向产业和社会的特性，决定了其科研创新效益包含学术贡献、经济贡献以及社会贡献等。除此之外，体制机制创新、成果转化与服务、开放交流也是极具新型研发机构特色的评价指标，但出现频次相对较低。从表意来看，新型研发机构在投资主体多元化、运行机制市场化、管理制度现代化、用人机制灵活化等体制机制方面的创新看似不属于绩效，但破除体制桎梏、释放创新动能是新型研发机构的使命之一，就这个层面而言，体制机制创新也是绩效的评价维度之一。成果转化与服务、开放交流两个维度则与新型研发机构"新"的特质紧密相关，要求新型研发机构在开放式创新中从事科学研究、技术创新和研发服务，如建立成果转化机制、共建创新平台、设立开放性合作课题等。

（二）区域实践中的新型研发机构绩效评价指标体系

为推动新型研发机构的良性有序发展，国内各省（区、市）纷纷展开新型研发机构绩效评价的实践探索。通过查阅梳理有关新型研发机构的管理办法、指导意见、实施方案等公开资料，本书汇总了部分省份的评价思路（见图7-8）。

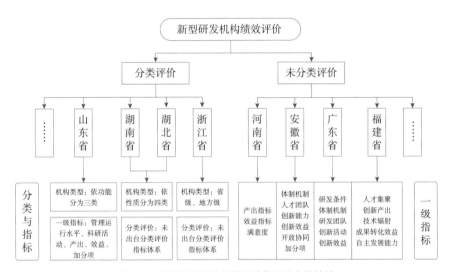

图 7-8　新型研发机构绩效评价指标的文件统计

由上图可见，当前各省就是否对新型研发机构进行分类绩效评价并未达成共识，对新型研发机构的分类也未遵循统一标准。在未实行分类评价的几个省份中，人才集聚与培养、创新能力或活动、创新产出或效益普遍被纳入一级评价指标，体制机制创新、开放交流、成果转化效益等指标的适用性则存在一定分歧。

在实行分类评价的几个省份中，机构分类及评价指标设置也不尽相同。根据《浙江省人民政府办公厅关于加快建设高水平新型研发机构的若干意见》的要求，浙江省以机构级别为分类依据，将新型研发机构分为省级和地方级，前者由省科技厅委托第三方专业机构开展绩效评价，后者由各地方政府负责，但具体的绩效评价指标体系并未详细列出。湖北省、湖南省对新型研发机构的分类则基本一致，仅命名上稍有差异。根据《湖北省新型研发机构备案管理实施方案》《湖南省新型研发机构备案管理办法》要求，湖南、湖北两省均以机构性质为分类依据，将新型研发机构分为产业技术协同创新类（政府主导型）、产业链联合创新类（企业主导型）、校企联合创新类（产教联合主导型）以及专业研究开发类（科研骨干主导型）四类。尽管文件中尚未提出针对不同类别的绩效评价指标体系，但湖北省明确了新型研发机构绩效考核的重点方向，包括科研实施条件建设、研究开发、成果转化、人才集聚和企业孵化等。根据《山东省新型研发机构绩效评价办法》要求，山东省以机构功能为分类依据，将新型研发机构分为科学研究类、技术创新类、研发服务类，并将管理运行水平、科研活动、产出、效益设为四个固定的一级指标。在二级和三级指标上根据不同类型机构的功能定位进行适当调整，尤其产出与效益的测量指标调整幅度较大。例如，科学研究类新型研发机构的产出体现在原创成果、知识产权、引进和培养人才等方面，但技术创新类、研发服务类新型研发机构的主要产出不在于原创成果，前者在于关键核心技术突破，后者在于成果转化产业化。

除了常规指标，不少省份也在绩效评价指标体系中增设了加分项。比如，安徽省将"获得国家级、省部级以上科技奖励数量""国家级、省级创新平台数量"作为加分项，上限为10分。山东省则为三套新型研发机构绩效评价指标体系增设了同一加分项，即"获批国家级创新平台"，但未对加分项设置上限，实行累加计分，每获批1家国家级创新平台可加30分。可以看出，上述加分项在本质上测量的是新型研发机构的高水平科研创新成效，是纳入常规指标还是加分指标取决于绩效评价标准。

第三节　新型研发机构分类绩效评价的模型构建

关于新型研发机构绩效评价的理论研究尚处于争鸣阶段，全国各省（区、市）的实践探索也尚未达成普遍共识。根据2019年科技部制定的《关于促进新型研发机构发展的指导意见》第九条"新型研发机构应建立分类评价体系。围绕科学研究、技术创新和研发服务等，科学合理设置评价指标，突出创新质量和贡献，注重发挥用户评价作用"的总体要求，本书尝试引入生态位理论，创新性构建了结构-功能视角下新型研发机构的分类绩效评价框架，为后续分类指标体系的设计提供了基本遵循。

一、基于结构-功能视角的分类评价框架

本书针对新型研发机构绩效评价指标体系的设计遵循分类评价原则，总体分析思路如图7-9所示。

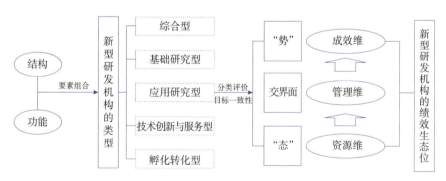

图 7-9　结构-功能视角下新型研发机构的分类绩效评价框架

（一）基于结构-功能视角划分新型研发机构的类型

结构-功能分析法常见于社会学研究中，它对于系统中各要素之间

的相互关系和功能作用的观察视角为本书确定新型研发机构的分类标准提供了理论参照。根据社会学研究的观点,结构是社会行动中各个单位之间的构成关系,功能是各个单位在运作过程中实际发挥的功效、能力和作用。置于新型研发机构分析视域下,依托单位和建设主体不仅在一定程度上决定了机构的组织结构,其功能目标的定位也与依托单位和建设主体自身的价值属性紧密关联,覆盖了基础研究、应用基础研究、技术研发与创新、技术转移、创业投资与孵化、产业化等多个创新环节。

从结构-功能视角切入,本书将新型研发机构分为综合型、基础研究型、应用研究型、技术创新与服务型、孵化转化型这五种类型。如图7-10所示,横轴上,按照创新活动发生的先后顺序依次呈现了六个创新环节,不同类型新型研发机构所覆盖的功能数量不一;纵轴上,新型研发机构的类型与依托单位和建设主体形成大致的对应关系,共同构成新型研发机构在结构-功能上的二维分布格局。

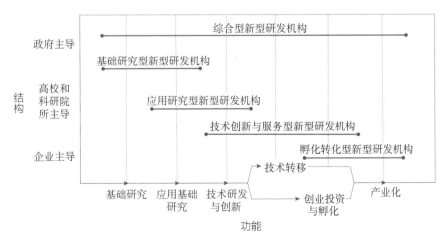

图 7-10 结构-功能视角下新型研发机构的分类图

进一步辨析不同类型新型研发机构的结构和功能（见表7-1）。其中，综合型新型研发机构以政府主导建设为主，面向国际前沿、国家重大科技战略需求，从事基础研究、产业共性关键技术研发、科技成果转移转化、科技人才培养等系列科技创新活动，如之江实验室，不仅覆盖了从基础研究到产业化的各个创新环节，也涉及了人工智能、天文、地理、农业、生物等多个学科交叉的创新研究；基础研究型研发机构一般由政府主导或高校和科研院所主导，聚焦特定方向开展基础理论研究和应用基础研究，强调原始创新和自主创新，追求重大理论突破，如北京生命科学研究所；应用型新型研发机构一般由高校和科研院所主导，少数人才型企业也参与建设，重点面向国家重大战略需求和产业发展瓶颈，开展重大应用基础研究、关键核心技术和共性技术的研发创新，如紫金山实验室；技术创新与服务型新型研发机构，一般由高校和科研院所、企业主导，以实现"创新链+资金链+产业链"的深度融合为核心目标，主要开展技术研发服务、科技成果转化、科技企业孵化和股权投资等创新创业活动，如中国科学院深圳先进技术研究院；孵化转化型新型研发机构一般由企业主导，高校和科研院所参与建设，重点开展科技成果转化、科技企业孵化和股权投资、先进技术成果产业化应用等活动，如中国科学院合肥技术创新工程院、南京麒麟园。

表7-1　不同类型新型研发机构的比较

类型	结构	功能	代表性机构
综合型	政府主导	基础研究 应用基础研究 技术研发与创新 技术转移 创业投资与孵化 产业化	之江实验室

续表

类型	结构	功能	代表性机构
基础研究型	政府主导 高校和科研院所 主导	基础研究 应用基础研究	北京生命科学研究所
应用研究型	高校和科研院所 主导 企业参与建设	重大应用基础研究 技术研发与创新	紫金山实验室
技术创新与 服务型	高校和科研院所 主导 企业主导	技术研发与创新 技术转移 创业投资与孵化	中国科学院深圳先进技术 研究院
孵化转化型	企业主导	创业投资与孵化 产业化	中国科学院合肥技术创新 工程院、南京麒麟园

（二）引入生态位理论工具，构建通用型新型研发机构绩效评价指标体系

　　生态位概念最早被用于描述一个物种对生态位要素（如资源、生存条件等）的需求和反应，以更好地解释物种之间的竞争与共存关系。简而言之，生态位衡量的是一个物种在同一生态系统中所处的相对位置，这一相对位置是集结了各项资源要素、生存条件、系统功能的综合结果。生态位理论认为，任一物种所处的生态位都是独一无二的，不存在完全的重合和交叠。在某种意义上，物种之间的较量也是生态位之间的竞争，而"物竞天择"的进化论思想不仅存在于自然生物之中，组织与组织之间同样存在着生态位的争夺。正是基于这一客观事实，生态位概念的内涵与外延不断延伸，其使用范畴逐渐从生态学领域扩展到组织学、管理学和社会学等领域。

　　根据张光明、谢寿昌（1997）的研究，某一物种的生态位是指它在时间、空间、生命层次等特定尺度下的生态位；研究生态位就是要研究

某物种在一定层次上一定范围内生存发展时，需要什么条件（包括物质、能量、空间和时间）、能够发挥什么作用，即对该层次该范围内的"生态环境"有什么影响。此处的"影响"体现在"态""势""态与势的交界面"三个方面。其中，"态"是生物单元的状态（能量、生物量、个体数量、资源占有量、适应能力、智能水平、经济发展水平、科技发展水平等），是其过去生长发育、学习、社会经济发展以及与环境相互作用积累的结果；"势"是生物单元对环境的现实影响力或支配力，如能量和物质变换的速率、生产力、生物增长率、经济增长率、占据新生境的能力；"态与势的交界面"决定了"态"如何作用于"势"，是生物单元对内外部资源、条件、环境等要素的统筹协调与组织力。

置于新型研发机构绩效评价情境下，不同类型的新型研发机构因其依托单位建设主体、功能定位等方面的差异，同样处于新型研发机构绩效生态系统中的不同生态位上。本书以生态位理论为理论工具，将"生态位"概念引入新型研发机构的绩效评价指标体系，从"态""势""态与势的交界面"三个层面将新型研发机构的绩效解构为三个维度（见图7-11）。其中，绩效的"态"属性反映了新型研发机构的生存和发展状态，体现在机构内部各项构成要素的完整性和基础性上，对应资源维；绩效的"态与势的交界面"反映了机构内部各项构成要素、内外部资源要素等的相互协调性，对应管理维；绩效的"势"属性反映了新型研发机构对环境的现实影响力和支配力，体现在机构从事科研创新和社会经济服务方面的能力和效益，对应成效维。

（三）基于目标一致性原则，针对五类新型研发机构构建指标不一、权重不一的分类评价指标体系

目标一致性是评价任何一套绩效评价指标体系的首要标准，即评价

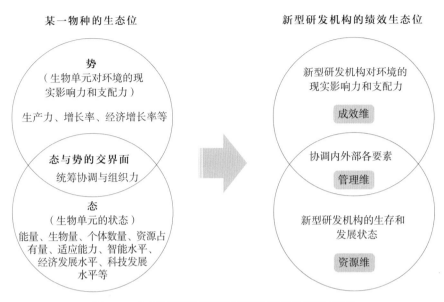

图 7-11　生态位理论下新型研发机构的绩效生态位示意图

指标是否与评价目的保持一致。结合科技部和各省（区、市）出台的关于新型研发机构认定管理办法的系列文件，新型研发机构承担着科学研究、技术创新、研发服务等多项功能。功能决定产出，不同功能组合下的新型研发机构，其绩效产出也必然存在形态、规模等属性差异，客观上要求其绩效评价指标体系须兼顾个性与共性，凸显出不同类型新型研发机构在功能与产出方面的异质性特征，确保每一套评价指标能够准确、真实地反映该类新型研发机构的绩效水平。

如图7-12所示，宽泛意义上，任意一类新型研发机构的绩效产出应然包含资源维、管理维和成效维三个维度，各套指标体系之间的关键区别在于每一维度对应的评价指标或同一评价指标在不同类型新型研发机构下的评价标准和重要性系数。

209

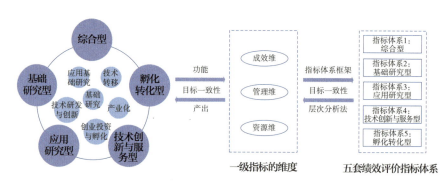

图 7-12　目标一致性原则下新型研发机构的分类绩效评价思路图

为达到科学分类评价的目标，本书在三个维度（资源维、管理维、成效维）的整体框架下构建了一个覆盖各项功能的初始通用型绩效评价指标体系，而后进一步运用层次分析法为不同类型新型研发机构遴选出与其功能相匹配、与其产出相适用的指标，并为每一指标赋予权重，最终形成五套指标不一、权重不一的绩效评价指标体系，分别用于综合型新型研发机构、基础研究型新型研发机构、应用研究型新型研发机构、技术创新与服务型新型研发机构、孵化转化型新型研发机构。

二、新型研发机构分类绩效评价框架的合理性

（一）契合科技部针对新型研发机构"分类评价、用户评价"的核心要求及2019年科技部制定的《关于促进新型研发机构发展的指导意见》第九条（见上文）的要求，本书设计的分类绩效评价框架既体现了分类的思路，也计划在部分三级指标中运用满意度调查，凸显用户评价的作用。

（二）以"结构-功能"作为分类标准，提高类型划分的区分度和

辨识度，提升分类绩效评价的科学性和合理性。从全国层面来看，目前仅湖南省、湖北省、山东省围绕功能定位对新型研发机构进行了分类，但湖南省、湖北省至今尚未出台分类绩效评价指标体系，山东省针对科学研究类、技术创新类、研发服务类新型研发机构分别制定了绩效评价指标体系。然而，现实发展中新型研发机构的功能难以完全按照科学研究、技术创新和研发服务进行有效剥离，同一新型研发机构往往同时承担着多项研发与创新功能。在此背景下，本书对新型研发机构的分类充分考虑到不同类型新型研发机构在建设主体和功能组合上的异同，在绩效产出指标的遴选上兼顾个性与共性，确保五类新型研发机构之间既有区分度、辨识度，也均保留着新型研发机构特有的"四不像"特征，以此提高新型研发机构分类绩效评价的科学性、合理性和可行性。

第八章

破立并举

新型研发机构绩效评价指标体系构建

由于新型研发机构的功能定位、资源条件、产出形态存在差异，其绩效产出难以用一般的相对数进行横向比较，而指数是一种能够测定复杂社会经济现象动态以及各种构成因素变动对总动态的影响作用的有效统计方法。鉴于此，本章以结构-功能视角下新型研发机构的分类绩效评价框架为基础，针对综合型、基础研究型、应用研究型、技术创新与服务型、孵化转化型共五类新型研发机构分别构建了各自适用的绩效评价指标体系，并综合运用德尔菲法、层次分析法、专家打分法等统计分析方法确定指标权重，最终编制形成五套新型研发机构绩效评价指数，为更加科学、精准、客观地开展新型研发机构分类评价提供参考。

第一节　通用型新型研发机构绩效评价指标体系构建

构建指标体系是编制新型研发机构绩效评价指数的前置步骤。在结构-功能视角下新型研发机构分类绩效评价框架的指导下，本节遵循指标体系构建的基本原则，研究开发了一套通用型新型研发机构绩效评价指标体系，为后续的分类评价指标体系及绩效评价指数搭建基本框架。

一、构建指标体系的基本原则

当前新型研发机构的发展方兴未艾，新型研发机构已成为国家实现高水平科技自立自强的重要战略科技力量，并在突破重大科技创新、供给优质的研发服务、推动全链深度融合等方面被寄予厚望。但从全国层面来看，"重建设、轻评估"的现象并不少见，如何精准有效地评估新型研发机构的绩效产出始终是一个难题。以此为出发点，本书试图在严格遵循以下五个基本原则的基础上，构建一套覆盖全面、标准合理、分类有序的通用型新型研发机构绩效评价指标体系。

一是科学性。科学性是评价任意一套指标体系的首要标准。本书所构建指标体系的科学性体现在两个方面：首先是维度模型的科学性。生态位理论以相对竞争和相对发展为内核，强调某一生态系统内部各要素之间的影响及其各要素对系统总体的影响，为本书从整体、发展的视角解构新型研发机构的绩效维度提供了理论参照，生态位理论既关注到机构自身的基础和资源，也重视机构对外部环境的支配力和影响力。其次是统计分析方法的科学性。无论是绩效评价指标体系中各项指标的选取，还是分类绩效评价指标体系中各项指标的权重测算都需要运用一系列定性与定量相结合的统计分析方法，如德尔菲法和层次分析法。

二是系统性。系统性强调的是部分与整体的关系，要求指标体系中不同指标层之间、同一指标层中不同指标之间层次分明、相互独立，具有清晰的逻辑关系。遵循该原则，本书将新型研发机构的绩效产出分为三个层次（态、态与势的交界面、势）和三个维度（资源维、管理维、成效维），在此框架下补充一级、二级、三级指标，既能确保单个指标反映新型研发机构绩效产出的某个方面，又能确保所有指标的综合反映机构整体的绩效水平。

三是客观性。评价指标是否客观、量化是影响绩效评价指标体系整体的信度与效度的重要因素。尽管科技部在《关于促进新型研发机构发展的指导意见》中提出，新型研发机构的评价要注重发挥用户评价作用，但这并不意味着要完全摈弃客观指标。本书为尽量避免绩效评价中主观及人为因素的干扰，坚持客观为主、主观为辅，在指标遴选上更加侧重对新型研发机构客观绩效产出的考量，少量指标运用用户评价、同行评议等主观评价方式进行数据采集。

四是稳定性。无论是人员评估还是机构评估，评估工作往往具有持续性和连贯性，客观上要求所有指标在未来一个长时间段内均有较好适用性，不宜在短期内因政策迭代、机构发展等条件变化而频繁替换或删除其中部分指标。基于这一原则，本书立足从特殊到普遍的归纳思维，将由不同依托单位建设主体筹建的、功能定位不一的各类新型研发机构进行通盘考虑，抽取出具有共通性、代表性、指向性、常态性的指标纳入评价体系，避免个性、短期性等指标破坏绩效评价指标体系整体的稳定性。

五是可操作性。所选取指标的可操作性在一定程度上决定了一套评价指标体系的应用价值及空间。本书所构建绩效评价指标体系的可操作性体现在三个方面：首先，保证指标是可量化的。本书所构建的指标体系以客观指标为主，主观指标为辅，绝大部分指标可通过特定的数值和计量单位来确定度量标准，少数主观指标也设置评价区间。其次，保证指标的数据是可获得的。无论是客观指标还是主观指标，都能通过直接统计或间接来源获取，有明确的获取渠道。最后，保证指标的测算方法是简洁清晰的。指标体系应繁简适中，避免因计算方式过于复杂而影响评估工作的有效开展。

二、指标体系的维度模型

本书在《关于促进新型研发机构发展的指导意见》的总体要求下，借鉴生态位理论的核心思想，先从"态""态与势的交界面""势"三个层次推演出新型研发机构绩效产出的内涵（生存状态、发展条件、要素协调、外部影响力、外部支配力），进而从内涵中提炼出具体的分析维度，每一分析维度对应一个一级指标，共析出五个一级指标（见图8-1）。

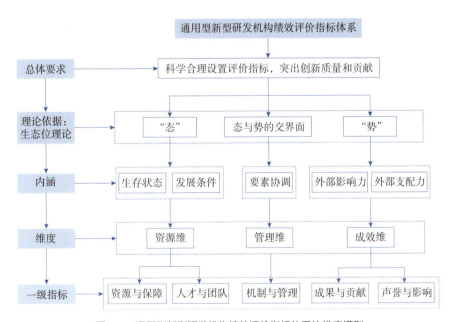

图 8-1　通用型新型研发机构绩效评价指标体系的维度模型

一是资源维，对应的一级指标包含资源与保障、人才与团队两个一级指标。资源投入决定了一个组织生存和发展的起点。其中，资源与保障维度重在刻画支撑新型研发机构开展科学研究、技术创新、研发服务等科研工作的基本条件，包括科研经费投入、科研设施配置两个二级指标；人才与团队维度重在评估新型研发机构所持有人才资源的规模、质量等情况，以此作为判断该机构的研究创新能力、行业竞争力的重要依据，包括人才集聚、人才培养两个二级指标（见表8-1）。

表8-1　资源维的指标构成

维度	一级指标	二级指标
资源维	资源与保障	科研经费投入
		科研设施配置
	人才与团队	人才集聚
		人才培养

二是管理维，对应的一级指标是机制与管理。体制机制创新是新型研发机构区别于传统科研机构的关键特征，也是影响新型研发机构创新活力与绩效的重要因素。该维度重在评估新型研发机构在组织运行管理等体制机制上的创新程度，包含管理运行机制、人才激励机制、开放合作机制三个二级指标（见表8-2）。

表8-2　管理维的指标构成

维度	一级指标	二级指标
管理维	机制与管理	管理运行机制
		人才激励机制
		开放合作机制

三是成效维，对应的一级指标包含成果与贡献、声誉与影响两个一级指标。新型研发机构聚焦科技创新需求，与其功能相对应，其绩效产出体现在科学研究、技术创新与研发服务三个方面。其中，成果与贡献维度重在衡量新型研发机构从事科技创新与服务的能力、质量和贡献，包括科研创新成果与贡献、产业化成果与贡献两个二级指标；声誉与影响维度重在评估新型研发机构取得社会认可、同行认可的程度，侧面反映出一个组织取得外部资源、机会和支持进而完成价值创造的能力的总和，包括机构影响力、社会责任两个二级指标（见表8-3）。

表8-3 成效维的指标构成

维度	一级指标	二级指标
成效维	成果与贡献	科研创新成果与贡献
		产业化成果与贡献
	声誉与影响	机构影响力
		社会责任

三、通用型新型研发机构绩效评价指标体系

在上述维度模型的框架下，本书将既有文献研究和新型研发机构发展实践相结合，构建了一套覆盖综合型、基础研究型、应用研究型、技术创新与服务型、孵化转化型共五种类型的初始通用型新型研发机构绩效评价指标体系，包含5个一级指标、11个二级指标、61个三级指标（见表8-4）。

表8-4 初始通用型新型研发机构的绩效评价指标体系

一级指标	二级指标	三级指标	单位	评价方式
A1资源与保障	B1科研经费投入	C1人均研发经费额度	万元	填报
		C2年度研发经费支出总额	亿元	填报
		C3年度研发经费支出占年收入（实际到款）总额比例	%	填报
	B2科研设施配置	C4用于研究开发的科研仪器设备原值总价	万元	填报
		C5自持办公和科研场所面积（不含合作场地）	平方米	填报
A2人才与团队	B3人才集聚	C6具有博士学位或高级职称的高层次人才的数量	人	填报
		C7具有博士学位或高级职称的高层次人才占员工总数比例	%	填报
		C8在岗工作时间不低于3个月且具有博士学位或高级职称的高层次流动人才（含兼职、访问学者、项目聘用等）的数量	人	填报
		C9在职外籍人才或具有一年以上（含）海外学习经历的人才占在职员工总数比例	%	填报
		C10在职研发人员占在职员工总数比例	%	填报
	B4人才培养	C11获评两院院士的数量	人	填报
		C12获得省级以上（含）人才计划支持的数量	人	填报
		C13主持国家科技重大专项、国家重点研发计划、国家自然科学基金的人次	人次	填报
		C14作为骨干成员（前三名）参与国家科技重大专项、国家重点研发计划的人数	人	填报
		C15博士后工作站出站博士后的数量	人	填报
		C16培养研究生的数量（含联合培养）	人	填报

续表

一级指标	二级指标	三级指标	单位	评价方式
A3机制与管理	B5管理运行机制	C17实行多元投入机制	是/否	填报
		C18实行董事会/理事会领导下的院长/所长/主任/总经理负责制	是/否	填报
		C19依照章程管理	是/否	填报
		C20实行科研经费"包干制"	是/否	填报
		C21组建专门的成果转化机构（队伍）	是/否	填报
	B6人才激励机制	C22实行市场化薪酬激励机制	是/否	填报
		C23实行企业化收益分配机制	是/否	填报
		C24实行职称自主评聘机制	是/否	填报
	B7开放合作机制	C25战略合作单位数量	个	填报
		C26设立面向社会的开放课题的规模	万元	填报
		C27牵头组织国际大科学计划和大科学工程的数量	项	填报
		C28与外单位共建实验室、研究中心（所）、工程中心、技术创新中心等创新联合体的数量	个	填报
		C29建立重大科研基础设施和大型科研仪器设备开放共享机制	是/否	填报
A4成果与贡献	B8科研创新成果与贡献	C30发表高水平论文的数量	篇	填报
		C31有效国家发明专利、国际发明专利的人均（科研人员）拥有量	件	填报
		C32牵头或参与制定/修订国际标准、区域标准、国家标准、行业标准、省级地方标准的数量	项	填报
		C33获得国家级科研项目的数量	项	填报
		C34获得省部级及以上科技奖励的数量（第一完成单位）	项	填报
		C35独立建立创新平台或分支机构的数量	个	填报
		C36主办中文社会科学引文索引（CSSCI）来源期刊或国际专业学术期刊的数量	个	填报

续表

一级指标	二级指标	三级指标	单位	评价方式
A4成果与贡献	B8科研创新成果与贡献	C37在高水平国际学术会议和学术期刊、中国科学技术协会所属的国家一级学会中担任学术要职的数量	人次	填报
		C38在三大国际标准化组织（ISO、IEC、ITU）担任学术要职的数量	人次	填报
		C39吸引社会资本投入基础研究和应用研究的总金额	亿元	填报
		C40在理论原理方面获得同行认可且具有重大影响的新突破新进展	项	同行评议
		C41为产业、企业解决关键核心技术、共性技术难题	项	同行评议
		C42形成具有自主知识产权的新产品、新工艺或新材料	项	同行评议
	B9产业化成果与贡献	C43科技成果转化率	%	填报
		C44技术合同成交额	亿元	填报
		C45孵化/创办企业的数量	家	填报
		C46建设中试基地的数量	个	填报
		C47成果转化专项资（基）金的规模	亿元	填报
		C48吸引社会资本投入试验发展的总金额	亿元	填报
		C49孵化高新技术企业的数量	家	填报
		C50孵化/创办企业的总市场估值	亿元	填报
		C51成果转化的可分配收益	亿元	填报
A5声誉与影响	B10机构影响力	C52获得省级以上（含）主流媒体报道的数量	篇/次	填报
		C53获得党和国家领导人、省部级党政部门主要领导采纳性批示、肯定性批示的决策咨询报告的数量	份	填报
		C54被服务企事业单位的满意度	%	问卷调查

一级指标	二级指标	三级指标	单位	评价方式
A5声誉与影响	B11社会责任	C55承接政府购买服务项目的金额	万元	填报
		C56参与政府重大工程、专项行动的数量	项	填报
		C57服务企事业单位的数量（技术服务/咨询合同数量）	个	填报
		C58横向项目总收入（技术服务/咨询合同成交额）	万元	填报
		C59加入行业协会、产业技术联盟的数量（退出不计）	个	填报
		C60举办或承办对外研修培训项目的参训人才	人次	填报
		C61在行业协会、产业技术联盟中担任要职的数量	人次	填报

第二节　新型研发机构分类绩效评价指标体系构建

在上一节的基础上，本节重点是运用德尔菲法，邀请相关领域专家、科研工作者对初始通用型新型研发机构绩效评价指标体系进行论证，并从优化后的通用型新型研发机构绩效评价指标体系中遴选出与综合型、基础研究型、应用研究型、技术创新与服务型、孵化转化型新型研发机构相匹配的指标，形成凸显针对性、异质性的五套分类绩效评价指标体系。

一、德尔菲法的操作流程

德尔菲法的操作流程简便易行。如图8-2所示，该方法的中心思想是通过专家组的反复多轮论证，最终得到趋于一致的最优方案。首先，确定函询聚焦的研究问题，在此基础上结合理论研究与实践调研编制专家函询问卷。其次，根据研究问题选定同领域、具备相关专业知识和学术积淀的专家学者或扎根同行业发展、具备中宏观视野的实务工作者作为函询专家，组织开展函询论证。最后，系统总结分析每一轮函询结果，及时反馈并调整后一轮函询问卷，直至专家组成员就研究问题基本达成一致共识，汇总得出研究结论。

二、通用型新型研发机构绩效评价指标体系的修正

德尔菲法的科学性和专业性建立在评估专家的知识与经验基础之上，对判断、预测、评价等复杂问题，它具有找出最优方案的独特优势。要为不同类型的新型研发机构挑选精准、合理、全面的绩效评价指

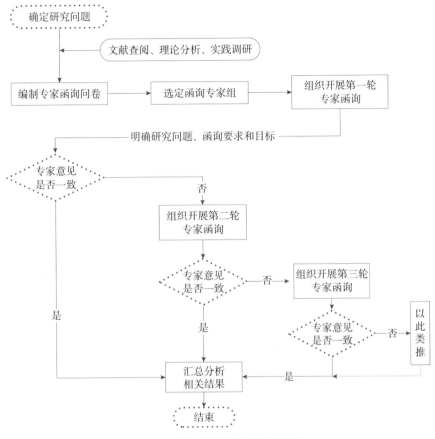

图 8-2　德尔菲法的常规操作流程图

标体系是一项较为复杂且尚无现成对照标准的探索性任务，本书参照德尔菲法的常规操作流程，具体应用过程如下：

步骤一：编制专家函询问卷。经过系统的文献查阅、理论分析和实践调研，本书从结构-功能视角将新型研发机构划分为综合型、基础研究型、应用研究型、技术创新与服务型、孵化转化型共五种类型，构建了覆盖上述各类型机构的初始通用型绩效评价指标体系，编制出专家函询问卷。

步骤二：选定函询专家组。为尽量拓宽函询的覆盖面、提高函询的精准性，本书兼顾理论研究与实务工作的双向需求，选取新型研发机构、科技政策、科技创新管理、科技成果转化、公共政策评估等相关领域的专家学者、新型研发机构科研工作者及职能部门工作人员作为函询对象，专家组成员信息如表8-5所示。在50位函询专家中，包含相关领域专家学者18人、新型研发机构科研工作者17人、新型研发机构职能部门工作人员15人。

表8-5　函询专家组成员信息

人员类型	数量（人）
相关领域专家学者	18
新型研发机构科研工作者	17
新型研发机构职能部门工作人员	15
合计	50

步骤三：组织开展第一轮专家函询，汇总分析相关结果。第一轮函询的重点是邀请各位专家对初始通用型新型研发机构绩效评价指标的科学性、合理性、适用性、可行性逐条做出评价，如不认同某项指标可提出修正、增补、删除等意见建议。在征得专家组成员一致同意的前提下，向专家组成员发放第一轮函询问卷。累计共发放50份问卷，有效回收42份，总体有效回收率为84%。如表8-6所示，相关领域专家学者共发放18份函询问卷，回收17份，有效回收率约为94.4%；新型研发机构科研工作者共发放17份函询问卷，回收14份，有效回收率约为82.4%；新型研发机构职能部门工作人员共发放15份函询问卷，回收11份，有效回收率约为73.3%。

表8-6 第一轮函询专家组成员信息

人员类型	发放数量（份）	回收数量（份）	有效回收率（%）
相关领域专家学者	18	17	约94.4
新型研发机构科研工作者	17	14	约82.4
新型研发机构职能部门工作人员	15	11	约73.3
合计	50	42	84

根据函询专家组的反馈意见，对初始通用型绩效评价指标体系中部分存在争议的指标进行修正、增补或删除。指标调整的具体情况如表8-7所示。

表8-7 初始通用型绩效评价指标体系中部分指标的调整情况

调整类型	初始指标	调整指标	理由
修正	在职外籍人才或具有一年以上（含）海外学习经历的人才占在职员工总数的比例	在职外籍人才和具有一年以上（含）海外学习或工作经历的人才占在职员工总数的比例	海外经历包含学习和工作经历
	博士后工作站出站博士后的数量	培养博士、博士后的数量（含联合培养）	这两项指标过细，可合并为一项指标
	培养研究生的数量（含联合培养）		
	实行科研经费"包干制"	推行灵活自主的科研经费使用管理方式	包干制是科研经费管理改革的举措之一，原指标无法涵盖其他创新做法
	实行职称自主评聘机制	经核准实行职称自主评聘机制	职称自主评聘资格需要得到相关部门核准和认定
	战略合作单位数量	与世界排名前500名国（境）外知名院校、"双一流"高校、世界500强企业签订战略合作的单位数量	不单强调战略合作单位的数量，同时重视合作的质量

续表

调整类型	初始指标	调整指标	理由
修正	与外单位共建实验室、研究中心（所）、工程中心、技术创新中心等创新联合体的数量	与外单位共建实验室、研究中心（所）、工程中心、技术创新中心等省级（含）以上创新联合体的数量	兼顾共建创新联合体的质量
	有效国家发明专利、国际发明专利的人均（科研人员）拥有量	获得中国专利奖授奖的专利数量	原指标无法突出专利的有效性
	牵头或参与制定/修订国际标准、区域标准、国家标准、行业标准、省级地方标准的数量	主持（排名第一）或主导（排名前三）制定/修订国际标准、国家标准、行业标准、省级地方标准的数量	原指标对制定/修订标准、标准分类的描述不准确
	主办中文社会科学引文索引（CSSCI）来源期刊或国际专业学术期刊的数量	主办中国一级学会A类期刊或国际专业学术期刊的数量	新型研发机构的研究领域较少涉及人文社科，中文期刊目录以中国一级学会A类期刊为主
	在国际三大标准化组织（ISO、IEC、ITU）中担任学术要职的数量	在国际三大标准化组织（ISO、IEC、ITU）及其内设、下属各机构中担任要职的数量	国际标准化组织是综合性组织，有学术、技术、政策三类要职
	在行业协会、产业技术联盟中担任要职的数量	在行业协会、产业技术联盟中担任（副）理事长单位、常务理事单位或重要职务的数量	原指标未将单位担任行业协会或产业技术联盟理事单位等情况纳入，同时将该指标调整为BIO机构影响力的三级指标
	获得省级以上（含）主流媒体报道的数量	获得国家级权威媒体报道的数量	省级媒体报道难度不大，国家级权威媒体报道更加能体现机构的声誉和影响力
	承接政府购买服务项目的金额 服务企事业单位的数量（技术服务/咨询合同数量）	承接政府、企事业单位技术服务或咨询项目的数量	两个指标均评价新型研发机构对外的服务供给情况，可合并为一项指标

续表

调整类型	初始指标	调整指标	理由
修正	被服务企事业单位的满意度	同领域科研机构的认可度	研发服务不是新型研发机构的核心功能，且服务满意度在很大程度上受到除机构影响力之外的其他因素干扰
增补	专业化技术转移专职人员（含初级技术经纪人、中级技术经纪人和高级技术经理人）占员工总数的比例		原指标体系缺少与科技成果转移转化、企业孵化与运营管理等相关的凸显产业应用导向的指标
	复合型成果转移转化人才（具备技术开发、法律财务、企业管理、商业谈判等专业能力）占员工总数的比例		
	培养高级技术经理人的数量		
	培养企业高级经营管理人才的数量		
	建立健全外部专家咨询制度（如常设学术委员会）		成立外部专家决策咨询委员会是新型研发机构体制机制创新的一般性举措之一
	实行绩效工资正常增长机制		针对基础研究人才，优化工资结构、绩效工资稳步增长是主要的激励机制
	获得社会捐赠的总金额		吸引社会捐赠是社会影响力的突出体现
删除	年度研发经费支出总额		该指标存在导向问题，误导增加不必要支出
	作为骨干成员（前三名）参与国家科技重大专项、国家重点研发计划的人数		该指标过细，且与"主持国家科技重大专项、国家重点研发计划、国家自然科学基金的人次"存在交叉，后者更重要
	实行董事会/理事会领导下的院长/所长/主任/总经理负责制		该指标是新型研发机构的门槛条件，不适合评价管理运行机制的创新性

调整类型	初始指标	调整指标	理由
删除	依照章程管理		该指标不够突出体制机制创新
	举办或承办对外研修培训项目的参训人次		该指标过细，且偏离新型研发机构的主业
	设立面向社会的开放课题的规模		"开放课题"的指向不是特别明确，评价标准难以统一
	牵头组织国际大科学计划和大科学工程的数量		发起国际大科学计划和工程的难度较大，该指标的普适性不高
	吸引社会资本投入基础研究和应用研究的总金额		这两项指标侧重于评估新型研发机构对科技创新和产业化活动的投入，不是成果与贡献的直接体现
	吸引社会资本投入试验发展的总金额		
	孵化/创办企业的数量		该指标与"孵化高新技术企业的数量"存在交叉，后者更加突出创新的质量
	横向项目总收入（技术服务/咨询合同成交额）		横向项目具有营利性质，不完全隶属于社会责任范畴
	加入行业协会、产业技术联盟的数量（退出不计）		该指标与"在行业协会、产业技术联盟中担任（副）理事长单位、常务理事单位或担任重要职务的数量"存在交叉，后者更能突出机构的影响力
	获得党和国家领导人、省部级党政部门主要领导采纳性批示、肯定性批示的决策咨询报告的数量		新型研发机构的核心定位是从事科学研究、技术创新和研发服务，主要面向市场，咨政不是重点

在修正指标方面，共对16项三级指标的表述作出调整。修正原则包括三项：一是不单强调绩效产出的数量，同时注重质量，如将"战略合

228

作单位数量"更改为"与世界排名前500名国（境）外知名院校、'双一流'高校、世界500强企业签订战略合作的单位数量"，将"与外单位共建实验室、研究中心（所）、工程中心、技术创新中心等创新联合体的数量"更改为"与外单位共建实验室、研究中心（所）、工程中心、技术创新中心等省级（含）以上创新联合体的数量"；二是提高指标描述的精准性，如考虑到开展职称自主评聘需要得到省人力资源和社会保障厅等相关部门的审批授权，将"实行职称自主评聘机制"更改为"经核准实行职称自主评聘机制"；三是避免指标之间存在重复、交叉或重叠，如"承接政府购买服务项目的金额"与"服务企事业单位的数量（技术服务/咨询合同数量）"两个指标均评价新型研发机构对外的服务供给情况，可合并为"承接政府、企事业单位技术服务或咨询项目的数量"一项指标。

在增补指标方面，综合参考各位函询专家的意见和建议，围绕技术创新与服务型、孵化转化型新型研发机构的产业应用导向、基础研究适用的人才激励机制、新型研发机构的体制机制创新等，共增补7项三级指标。例如，考虑到科技成果转移转化业务的核心人才需求并不一定是具有博士学位或高级职称的高层次人才，而是技术经纪人等专职人员，故增加"专业化技术转移专职人员（含初级技术经纪人、中级技术经纪人和高级技术经理人）占员工总数的比例"；考虑到对于基础研究人才而言，优化工资结构、绩效工资稳步增长是主要的激励机制，故增加"实行绩效工资正常增长机制"。

在删除指标方面，为避免诱导性偏误、评价指向不明确、评价目的偏离上级指标、评价指标无效或与其他指标存在交叉等问题，共删除13项三级指标。例如，多位专家指出"年度研发经费支出总额"指标存在导向问题，容易误导各新型研发机构增加不必要支出，而绩效实质上强调投入产出比，该指标偏离了绩效评价的核心目标，故删除；由于"孵化/创办企业的数量"与"孵化高新技术企业的数量"两个指标之间存在交叉，现实中孵化或创办企业的难度不大，但孵化高新技术企业有一定门槛，后者更能突出产业化成果与贡献的质量，故删除前者；考虑到新型研发机构的核心定位是从事科学研究、技术创新和研发服务，主要面向市场，咨政不是重点，故删除"获得党和国家领导人、省部级党政部门主要领导采纳性批示、肯定性批示的决策咨询报告的数量"。

完成上述系列论证步骤后，本书得到优化后的通用型新型研发机构绩效评价指标体系（见表8-8）。其中，一级指标5项，二级指标11项，三级指标53项。

表8-8　优化后的通用型新型研发机构绩效评价指标体系

一级指标	二级指标	三级指标	单位	评价方式
A1资源与保障	B1科研经费投入	C1人均研发经费额度	万元	填报
		C2年度研发经费支出占年收入（实际到款）总额的比例	%	填报
	B2科研设施配置	C3用于研究开发的科研仪器设备原值总价	万元	填报
		C4自持办公和科研场所面积（不含合作场地）	平方米	填报
A2人才与团队	B3人才集聚	C5具有博士学位或高级职称的高层次人才的数量	人	填报
		C6具有博士学位或高级职称的高层次人才占员工总数的比例	%	填报
		C7专业化技术转移专职人员（含初级技术经纪人、中级技术经纪人和高级技术经理人）占员工总数的比例	%	填报

续表

一级指标	二级指标	三级指标	单位	评价方式
A2人才与团队	B3人才集聚	C8复合型成果转移转化人才（具备技术开发、法律财务、企业管理、商业谈判等专业能力）占员工总数的比例	%	填报
		C9在岗工作时间不低于3个月且具有博士学位或高级职称的高层次流动人才（含兼职、访问学者、项目聘用等）的数量	人	填报
		C10在职外籍人才和具有一年以上（含）海外学习或工作经历的人才占在职员工总数的比例	%	填报
		C11在职研发人员占在职员工总数比例	%	填报
	B4人才培养	C12获评两院院士的数量	人	填报
		C13获得省级以上（含）人才计划支持的数量	人	填报
		C14主持国家科技重大专项、国家重点研发计划、国家自然科学基金的人次	人次	填报
		C15培养高级技术经理人的数量	人	填报
		C16培养企业高级经营管理人才的数量	人	填报
		C17培养博士、博士后的数量（含联合培养）	人	填报
A3机制与管理	B5管理运行机制	C18实行多元投入机制	是/否	填报
		C19建立健全外部专家咨询制度（如常设学术委员会）	是/否	填报
		C20推行灵活自主的科研经费使用管理方式	是/否	填报
		C21组建专门的成果转化机构（队伍）	是/否	填报
	B6人才激励机制	C22实行市场化薪酬激励机制	是/否	填报
		C23实行绩效工资正常增长机制	是/否	填报
		C24实行企业化收益分配机制	是/否	填报

续表

一级指标	二级指标	三级指标	单位	评价方式
A3机制与管理	B6人才激励机制	C25经核准实行职称自主评聘机制	是/否	填报
	B7开放合作机制	C26与世界排名前500名国（境）外知名院校、"双一流"高校、世界500强企业签订战略合作的单位数量	个	填报
		C27与外单位共建实验室、研究中心（所）、工程中心、技术创新中心等省级（含）以上创新联合体的数量	个	填报
		C28建立重大科研基础设施和大型科研仪器设备开放共享机制	是/否	填报
A4成果与贡献	B8科研创新成果与贡献	C29发表高水平论文的数量	篇	填报
		C30获得中国专利奖授奖的专利数量	件	填报
		C31主持（排名第一）或主导（排名前三）制定/修订国际标准、国家标准、行业标准、省级地方标准的数量	项	填报
		C32获得国家级科研项目的数量	项	填报
		C33获得省部级及以上科技奖励的数量（第一完成单位）	项	填报
		C34独立建立创新平台或分支机构的数量	个	填报
		C35主办中国一级学会A类期刊或国际专业学术期刊的数量	个	填报
		C36在高水平国际学术会议和学术期刊、中国科学技术协会所属的国家一级学会中担任学术要职的数量	人次	填报
		C37在国际三大标准化组织（ISO、IEC、ITU）及其内设、下属各机构中担任要职的数量	人次	填报
		C38在理论原理方面获得同行认可且具有重大影响的新突破新进展	项	同行评议
		C39为产业、企业解决关键核心技术、共性技术难题	项	同行评议
		C40形成具有自主知识产权的新产品、新工艺或新材料	项	同行评议

一级指标	二级指标	三级指标	单位	评价方式
A4成果与贡献	B9产业化成果与贡献	C41科技成果转化率	%	填报
		C42技术合同成交额	亿元	填报
		C43建设中试基地的数量	个	填报
		C44成果转化专项资（基）金的规模	亿元	填报
		C45孵化高新技术企业的数量	家	填报
		C46孵化/创办企业的总市场估值	亿元	填报
		C47成果转化的可分配收益	亿元	填报
A5声誉与影响	B10机构影响力	C48获得社会捐赠的总金额	亿元	填报
		C49获得国家级权威媒体报道的数量	篇/次	填报
		C50在行业协会、产业技术联盟中担任（副）理事长单位、常务理事单位或重要职务的数量（退出不计）	个/人次	填报
		C51同领域科研机构的认可度	%	问卷调查
	B11社会责任	C52参与政府重大工程、专项行动的数量	项	填报
		C53承接政府、企事业单位技术服务或咨询项目的数量	项	填报

针对表8-8中部分评价标准相对模糊的二级、三级指标，对相关概念或名词做进一步界定和解释：

人才培养：区别于人才集聚，该指标测量的是人才正式入职本单位之后，依托本单位申报获得的荣誉称号、人才计划、项目、奖励等。

研发经费：参照国家统计局科技经费投入统计公报的统计口径，研发经费即研究与试验发展经费，是指为增加人类知识总量以及运用知识创造新的应用而进行的系统性、创造性的活动的经费，包括基础研究、应用研究和试验发展三类活动的费用。一般包含人工费用（如工资、奖金、津贴等），直接投入费用（研发活动直接消耗的材料、燃料和动力费用），折旧费用（用于研发活动的仪器、设备的折旧费），无形资产费用（软件、专利权等），其他相关费用（专家咨询费、知识产权申请费等）等。

专业化技术转移专职人员：参照科技部火炬高技术产业开发中心于2020年3月印发的《国家技术转移专业人员能力等级培训大纲》（试行），技术转移专业人员包括初级技术经纪人、中级技术经纪人、高级技术经理人三个等级。

复合型成果转移转化人才：参照科技部、教育部印发的《关于进一步推进高等学校专业化技术转移机构建设发展的实施意见》，该文件提出高水平、专业化的成果转移转化人才应具备技术开发、法律财务、企业管理、商业谈判等方面的复合型专业知识和服务能力。故该指标是指具备技术开发、法律财务、企业管理、商业谈判等复合型专业能力的成果转移转化人才。

企业高级经营管理人才：指在由新型研发机构创办或孵化的瞪羚企业、"专精特新"企业、科技"小巨人"企业、雏鹰企业、专精特新"小巨人"企业、隐形冠军企业、技术先进型服务企业、牛羚企业、独角兽企业等科技型企业中，担任董事会成员、监事会成员或副总经理及以上职务的人才。

企业化收益分配机制：参照《中华人民共和国促进科技成果转化法》等规定，企业化收益分配是指通过股权出售、股权奖励、股票期权、项目收益分红、岗位分红等方式，激励科技人员开展科技成果转化。

国际大科学计划和大科学工程：指投资大、大型仪器和设施支撑、多学科交叉、多国家合作的大型基础科学研究和工程项目。

高水平论文：特指发表于《自然》（*Nature*）、《科学》（*Science*）、

《细胞》(*Cell*)三大权威期刊的文章。

高水平国际学术会议和学术期刊:指近两年内有高被引或热点(会议)论文的国际学术会议和学术期刊。

担任学术要职:指担任(副)主席、主编、编委、(副)会长、(副)秘书长等职务。

科技成果转化率:指成功实现产业化或商业化应用的科技成果数占统计周期内应用研究类科技成果总数的比例。

成果转化的可分配收益:参照哈佛大学的做法,成果转化的可分配收益是指新型研发机构从知识产权中获得的公司股份、债券、现金(不包括资助的研发经费)中,减去研发机构自身支付的相关费用(包括申请、维护、实施知识产权保护的费用;为专利受让给出的相关费用;在制作、运输或推广成果中产生的费用)。

担任重要职务:指行业协会的会长、副会长、理事、监事或秘书长,以及产业技术联盟的理事长、副理事长、常务理事长等职务。

三、新型研发机构分类绩效评价指标体系的遴选

组织开展第二轮专家函询,重点是邀请各位专家从调整后的通用型绩效评价指标体系中分别为五类新型研发机构遴选出与之相匹配的指标,形成五套绩效评价指标体系,各项指标可重复选择。

步骤一:编制专家函询问卷。以优化后的通用型新型研发机构绩效评价指标体系(表8-8)为基础,设计形成第二轮函询问卷。

步骤二:选定函询专家组。鉴于第一轮函询专家组中部分专家成员未给予有效回应,特将第二轮函询专家组调整为切实参与的42位专家。

累计共发放42份问卷，有效回收42份，总体有效回收率为100%。如表8-9所示，相关领域专家学者共发放17份函询问卷，新型研发机构科研工作者共发放14份函询问卷，新型研发机构职能部门工作人员共发放11份函询问卷。

表8-9　第二轮函询专家组成员信息

人员类型	发放数量（份）	回收数量（份）	有效回收率（%）
相关领域专家学者	17	17	100
新型研发机构科研工作者	14	14	100
新型研发机构职能部门工作人员	11	11	100
合计	42	42	100

步骤三：组织开展第二轮专家函询，汇总分析相关结果。通过对42份有效问卷的统计分析，加总算出每一类新型研发机构对应各三级指标的被选次数，并按照被选率大于50%的标准，为各类新型研发机构保留被选次数不低于21的指标。统计分析发现，专家组对调整后的绩效评价指标体系基本认可，未提出集中性的异议。在分类指标遴选上专家组也基本达成共识，尽管在部分指标上存在分歧，但按照被选率大于50%的标准，仅有两个指标满足调整要求：一是应用研究型新型研发机构绩效评价指标体系需要新增"培养博士、博士后的数量（含联合培养）"；二是孵化转化型新型研发机构绩效评价指标体系需要新增"主持（排名第一）或主导（排名前三）制定/修订国际标准、国家标准、行业标准和省级地方标准的数量"。

至此，正式得到综合型、基础研究型、应用研究型、技术创新与服务型、孵化转化型共五套新型研发机构绩效评价指标体系（见表8-10）。

表8-10　五套新型研发机构的绩效评价指标体系

一级指标	二级指标	三级指标	单位	评价方式	综合型	基础研究型	应用研究型	技术创新与服务型	孵化转化型
A1资源与保障	B1科研经费投入	C1人均研发经费额度	万元	填报	√	√	√	√	
		C2年度研发经费支出占年收入（实际到款）总额比例	%	填报	√	√	√	√	√
	B2科研设施配置	C3用于研究开发的科研仪器设备原值总价	万元	填报	√	√	√	√	
		C4自持办公和科研研场所面积（不含合作场地）	平方米	填报	√	√	√	√	√
A2人才与团队	B3人才集聚	C5具有博士学位或高级职称的高层次人才的数量	人	填报	√	√	√		
		C6具有博士学位或高级职称的高层次人才占员工总数的比例	%	填报	√	√	√	√	
		C7专业化技术转移专职人员（含初级技术经纪人、中级技术经纪人和高级技术经理人）占员工总数的比例	%	填报	√			√	√
		C8复合型成果转移转化人才（具备技术开发、企业管理、商业谈判等专业能力）占员工总数的比例	%	填报	√			√	√
		C9在岗工作时间不低于3个月且具有博士学位或高级职称的高层次流动人才（含兼职、访问学者、项目聘用等）的数量	人	填报	√	√			

续表

一级指标	二级指标	三级指标	单位	评价方式	综合型	基础研究型	应用研究型	技术创新与服务型	孵化转化型
A2人才与团队	B3人才集聚	C10在职外籍人才和具有一年以上（含）海外学习或工作经历的人才占在职职员工总数的比例	%	填报	√	√			
		C11在职研发人员占在职员工总数比例	%	填报	√	√	√	√	
		C12获评两院院士的数量	人	填报	√	√	√		
	B4人才培养	C13获得省级以上（含）人才计划支持的数量	人	填报	√	√	√	√	
		C14主持国家科技重大专项、国家重点研发计划、国家自然科学基金的人次	人次	填报	√	√	√	√	
		C15培养高级技术经理人的数量	人	填报	√			√	√
		C16培养企业高级经营管理人才的数量	人	填报	√			√	√
		C17培养博士、博士后的数量（含联合培养）	人	填报	√	√	√		
A3机制与管理	B5管理运行机制	C18实行多元投入机制	是否	填报	√	√	√	√	√
		C19建立健全外部专家咨询制度（如常设学术委员会）	是否	填报	√	√		√	
		C20推行灵活自主的科研经费使用管理方式	是否	填报	√	√	√	√	√
		C21组建专门的成果转化机构（队伍）	是否	填报	√		√	√	√

续表

一级指标	二级指标	三级指标	单位	评价方式	综合型	基础研究型	应用研究型	技术创新与服务型	孵化转化型
A3机制与管理	B6人才激励机制	C22实行市场化薪酬激励机制	是否	填报	✓		✓	✓	✓
		C23实行绩效工资正常增长机制	是否	填报		✓	✓	✓	✓
		C24实行企业化收益分配机制	是否	填报	✓		✓	✓	✓
		C25经核准实行职称自主评聘机制	是否	填报	✓	✓	✓	✓	✓
	B7开放合作机制	C26与世界排名前500国（境）外知名院校、"双一流"高校、世界500强企业签订战略合作的单位数量	个	填报	✓	✓	✓	✓	✓
		C27与外单位共建实验室、研究中心（所）、工程中心、技术创新中心等省级（含）以上创新联合体的数量	个	填报	✓	✓	✓	✓	✓
		C28建立重大科研基础设施和大型科研仪器设备开放共享机制	是否	填报	✓	✓	✓	✓	
A4成果与贡献	B8科研成果与贡献	C29发表高水平论文的数量	篇	填报	✓	✓	✓	✓	
		C30获得中国专利奖授奖的专利数量	件	填报	✓	✓	✓	✓	✓
		C31主持（排名第一）或主导（排名前三）制定/修订国际标准、国家标准、行业标准、省级地方标准的数量	项	填报	✓	✓		✓	✓
		C32获得国家级科研项目的数量	项	填报	✓	✓	✓	✓	✓

续表

一级指标	二级指标	三级指标	单位	评价方式	综合型	基础研究型	应用研究型	技术创新与服务型	孵化转化型
A4成果与贡献	B8科研创新成果与贡献	C33获得省部级及以上科技奖励的数量（第一完成单位）	项	填报	✓	✓	✓		
		C34独立建立创新平台或分支机构的数量	个	填报	✓	✓	✓	✓	✓
		C35主办中国一级学会A类期刊或国际专业学术期刊的数量	个	填报	✓	✓			
		C36在高水平国际学术会议和学术期刊、中国科学技术协会所属的国家一级学会中担任学术要职的数量	人次	填报	✓	✓			
		C37在国际三大标准化组织（ISO、IEC、ITU）及其内设、下属各机构中担任要职的数量	人次	填报	✓	✓			
		C38在理论原理方面获得同行认可且具有重大影响的新突破新进展	项	同行评议	✓	✓	✓		
		C39为产业、企业解决关键核心技术、共性技术难题	项	同行评议	✓		✓	✓	
		C40形成成员具有自主知识产权的新产品、新工艺或新材料	项	同行评议	✓		✓	✓	✓

续表

一级指标	二级指标	三级指标	单位	评价方式	综合型	基础研究型	应用研究型	技术创新与服务型	孵化转化型
A4成果与贡献	B9产业化成果与贡献	C41科技成果转化率	%	填报	√		√	√	√
		C42技术合同成交额	亿元	填报	√		√	√	√
		C43建设中试基地的数量	个	填报	√		√	√	√
		C44成果转化专项资（基）金的规模	亿元	填报				√	√
		C45孵化高新技术企业的数量	家	填报	√			√	√
		C46孵化/创办企业的总市场估值	亿元	填报	√			√	√
		C47成果转化的可分配收益	亿元	填报	√		√		√
		C48获得社会捐赠的总金额	亿元	填报	√	√	√		
A5声誉与影响	B10机构影响力	C49获得国家级权威媒体报道的数量	篇/次	填报	√	√	√	√	√
		C50在行业协会、产业技术联盟中担任（副）理事长单位、常务理事单位或重要职务的数量（退出不计）	个/人次	填报	√	√		√	√
		C51同领域科研机构的认可度	%	问卷调查	√	√	√	√	√
	B11社会责任	C52参与政府重大工程、专项行动的数量	项	填报	√	√	√	√	
		C53承接政府、企事业单位技术服务或咨询项目的数量	项	填报	√	√	√	√	√

其中，综合型新型研发机构绩效评价指标体系共包含5个一级指标、11个二级指标、47个三级指标；基础研究型新型研发机构绩效评价指标体系包含5个一级指标、10个二级指标、33个三级指标；应用研究型新型研发机构绩效评价指标体系包含5个一级指标、11个二级指标、39个三级指标；技术创新与服务型新型研发机构绩效评价指标体系包含5个一级指标、11个二级指标、38个三级指标；孵化转化型新型研发机构绩效评价指标体系包含5个一级指标、11个二级指标、29个三级指标。

第三节　新型研发机构分类绩效评价指数

在确定了五套新型研发机构绩效评价指标体系之后，为各级指标确定权重系数并合成指数是接下来的重点。综合运用层次分析法、专家评分法，本节共形成五套绩效评价指数，并为指数的后续应用指明了基本思路。

一、调查设计与数据来源

为建立科学的分类绩效评价指标权重体系，本书共编制5套权重问卷，并邀请国内深耕科技创新、新型研发机构、组织绩效评估等相关研究领域的专家学者参与评估调查。如表8-11所示，每套权重问卷的发放数量均为31份，有效回收数量的差值不超过2份，基本保证了各类权重问卷的调查样本数量相当。

表8-11　权重问卷的发放情况

新型研发机构类型	发放数量（份）	回收数量（份）	有效回收率（%）
综合型	31	30	约96.8
基础研究型	31	30	约96.8
应用研究型	31	31	100
技术创新与服务型	31	29	约93.5
孵化转化型	31	31	100

在问卷设计上，不同层级指标的题目形式因测算方法而异。如表8-12所示，一级、二级指标均采用两两比较的形式，邀请专家学者们就同一层级内各个指标的相对重要性作出判断；三级指标则采用直接赋

分的形式，将每一个二级指标的总分设为100分，请专家学者们根据对每个二级指标下属三级指标的重要性分别进行赋分，分值越高则表示该三级指标在所属二级指标中的重要性权重越高。

表8-12　权重问卷的测题示例

一级指标				
两两比较判断的因素	更重要	比较重要	同等重要	比较不重要	更不重要
A.资源与保障　比 B.人才与团队	□	□	□	√	□

二级指标				
两两比较判断的因素	更重要	比较重要	同等重要	比较不重要	更不重要
A.科研经费投入　比 B.科研设施配置	□	□	√	□	□

三级指标		
二级指标	三级指标	分值
B3人才集聚 （总分100分）	C3专业化技术转移专职人员（含初级技术经纪人、中级技术经纪人和高级技术经理人）占员工总数的比例	55
	C4复合型成果转移转化人才（具备技术开发、法律财务、企业管理、商业谈判等专业能力）占员工总数的比例	45

二、新型研发机构分类绩效评价指标的权重测算

（一）一级、二级指标的权重测算

考虑到五套新型研发机构绩效评价指标体系中各个一级指标所包含三级指标的数量参差不齐，导致部分三级指标的重要性权重容易被数量稀释，出现一级指标本身的重要性权重低，但因其所包含的三级指标少，每个三级指标的重要性权重反而被拉高的现象。因此，本书在采用

层次分析法测算各一级、二级指标的重要性权重的基础上，补充测算了一级指标的数量权重，将重要性权重和数量权重的组合权重作为其最终权重结果，以此推算各二级、三级指标的整体权重。

1. 层次分析法简介

层次分析法（Analytic Hierarchy Process，AHP）将复杂问题分解为多个组成因素，并将这些因素按支配关系进一步分解排列成目标层、准则层和指标层，形成一个多目标、多层次的阶梯结构决策模型。其基本思路是分层并通过两两比较的方式确定同一层次中各要素之间的相对重要性，并对不同层次要素合集的重要性进行排序判断，利用特定数学计算方法将其转化为具体的权重。此方法尤其适用于对多个问题选项进行重要性排列。具体操作步骤详见图8-3。

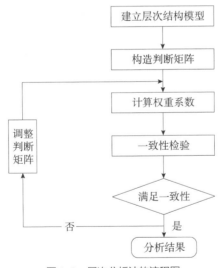

图 8-3 层次分析法的流程图

2. 一级、二级指标的重要性权重

针对综合型、基础研究型、应用研究型、技术创新与服务型、孵化

转化型五类新型研发机构，一级、二级指标的重要性权重的测算方法和步骤完全一致，以下分步呈现主要分析结果。

第一步，建立层次结构模型。将新型研发机构绩效评价的总体目标分解为需要考虑的准则因素和具象的因子，根据三者之间的相互关系绘制出包含目标层、准则层、指标层的层次结构图。目标层为最高层，对应一级指标；准则层为中间层，对应二级指标；指标层为最低层，对应三级指标（见表8-13）。

表8-13　新型研发机构绩效评价的层次结构模型

层次结构	目标层	准则层	指标层
指标层级	一级指标	二级指标	三级指标
指标示例	A1资源与保障	B1科研经费投入	C1人均研发经费额度

第二步，构造判断矩阵，确定指标的量化评价标准。一般采用一致矩阵法来构造判断矩阵，即将同一层次内的所有指标进行两两比较，对两两因素之间的相对重要性进行打分。判断矩阵的合理性受到标度的影响，所谓标度是指评价者对各个评价指标（或者项目）重要性等级差异的量化概念。常用的标度方法是比例标度法，包括1-5标度、1-9标度等（见表8-14）。需要说明的是，由于"1-9"比例标度值体系在面临较多指标比较时容易增加问卷的烦琐程度，难以保证问卷的有效性，因此本书采用"1-5"比例标度值体系。

表8-14　比例标度值表（重要性分值a_{ij}）

取值含义	"1-5"比例标度值	"1-9"比例标度值
i与j同等重要	1	1

续表

取值含义	"1-5"比例标度值	"1-9"比例标度值
i比j比较重要	3	3
i比j非常重要	5	5
i比j强烈重要		7
i比j极端重要		9
上述相邻判断的中间值	2、4	2、4、6、8
j与i比较	上述各数的倒数	上述各数的倒数

第三步，计算权重系数。判断矩阵A中第i行、第j列的元素a_{ij}表示评价指标a_i与a_j比较后所得的标度系数。本书运用几何平均法（方根法）计算判断矩阵A中每一行各标度值的平均数，记作w_i。然后，利用$W'_i = \dfrac{w_i}{\sum w_i}$对$w_i$进行归一化处理，得到各评价指标的权重系数。根据这一步骤，求解得到每套权重问卷中每位专家基于两两比较判断的初始权重。

$$A=(a_{ij})_{n\times n}=\begin{bmatrix} a_{11} & a_{12} & \cdots & a_{1n} \\ a_{21} & a_{22} & \cdots & a_{2n} \\ \vdots & \vdots & \ddots & \vdots \\ a_{n1} & a_{n2} & \cdots & a_{nn} \end{bmatrix}$$

第四步，进行一致性检验。当确定权重的指标较多时，矩阵内两两比较的结果可能出现相互矛盾的情况，对于阶数较高的判断矩阵，难以直接判断其一致性，这时就需要进行一致性检验。首先，根据公式$\lambda_{max}=\sum_{i=}^{n}\dfrac{[AW]_i}{nw_i}$求解出判断矩阵的最大特征根$\lambda_{max}$。其次，利用公式$CI=\dfrac{\lambda_{max}-n}{n-1}$得到一致性指标$CI$的值，再对照随机一致性指标$RI$的取值表（见表8-15），通过公式$CR=\dfrac{CI}{RI}$计算得到$CR$值。当$CR<0.1$时，表

明判断矩阵A的一致性程度在容许范围内，即通过一致性检验；当$CR \geq 0.1$时，认为判断矩阵A未通过一致性检验，需要考虑对矩阵进行调整和修正。

表8-15　随机一致性指标RI取值表

n	1	2	3	4	5	6	7	8	9	10	11
RI	0	0	0.58	0.90	1.12	1.24	1.32	1.41	1.45	1.49	1.51

对每位专家的初始权重结果重复上述操作步骤后，对照一致性比率CR的取值标准，发现综合型、应用研究型新型研发机构绩效评价权重问卷中各有4份未通过一致性检验，技术创新与服务型、孵化转化型新型研发机构绩效评价权重问卷中各有3份未通过一致性检验，基础研究型新型研发机构绩效评价权重问卷中共有5份未通过一致性检验（见表8-16）。

表8-16　权重问卷的一致性检验结果

权重问卷类型	有效回收数量（份）	通过一致性检验的数量（份）	未通过一致性检验的数量（份）
综合型	30	26	4
基础研究型	30	25	5
应用研究型	31	27	4
技术创新与服务型	29	26	3
孵化转化型	31	28	3

第五步，计算类别权重。剔除未通过一致性检验的无效问卷后，将同类权重问卷的所有有效初始权重进行加权平均，分别得到每套新型研发机构绩效评价指标体系中一级、二级指标的权重均值，记为一级、二

级指标的类别权重。

3. 一级指标的最终权重

（1）一级指标的数量权重

本书根据每个一级指标下属三级指标的数量规模确定一级指标的数量权重。假设某一套指标体系共有n个三级指标，其中某个一级指标中有m个三级指标，则该一级指标对应的数量权重为m/n，以此类推。

（2）一级指标的组合权重

按照组合权重的常规测算方法，本书将每个一级指标的重要性权重和数量权重折合成以1分制为计量单位。具体换算公式如下：

$$w_i = \frac{\sqrt{\alpha_i \beta_i}}{\sum_{i=1}^{n} \sqrt{\alpha_i \beta_i}}$$

其中，α_i表示某个一级指标的重要性权重，β_i表示某个一级指标的数量权重，w_i表示某个一级指标的组合权重，即为该一级指标的最终权重结果。

4. 二级指标的整体权重

以各一级指标的组合权重、各二级指标的类别权重为参照，按照"二级指标的整体权重=对应一级指标的组合权重×二级指标的类别权重"的原则，分别计算得到五套新型研发机构绩效评价指标体系中各二级指标的整体权重。

（二）三级指标的权重测算

考虑到评价指标数量与测算方法的匹配性，为避免判断矩阵过于复杂，本书采用专家评分法测算三级指标的最终权重。

1. 专家评分法简介

相较于程序严密、计算烦琐的层次分析法，专家评分法的突出优势在于操作简便易行。通过召集若干名相关领域专家对同一层级内的所有指标直接进行重要性赋分，再运用算术平均法求解得到各个指标的权重系数。重要性程度越高，则该指标的权重越大，反之亦然。

2. 三级指标的整体权重

第一步，计算各二级指标下属各三级指标的总体均值。将有效回收的不同类型权重问卷汇总，通过平均加权处理分别求解得到每个三级指标的平均分值，即专家学者们为每个三级指标的平均赋分。

第二步，将各三级指标的总体均值转换为权重系数。总体均值以百分制为计分单位，按照保留小数点后两位的原则，将其转换为1分制的权重系数，记为三级指标的类别权重。

第三步，计算各三级指标的整体权重。按照"三级指标的整体权重=对应二级指标的整体权重×三级指标的类别权重"的原则，分别计算出五套新型研发机构绩效评价指标体系中各三级指标的整体权重。

三、新型研发机构分类绩效评价指标的权重结果

至此，不同类型新型研发机构各级绩效评价指标的权重已经测算完毕，汇总得到如下的绩效评价指标权重体系（见表8-17至表8-21）。

表8-17 综合型新型研发机构绩效评价指标的权重体系

一级指标	组合权重	二级指标	类别权重	整体权重	三级指标	类别权重	整体权重
A1资源与保障	0.10	B1科研经费投入	0.58	0.058	C1人均研发经费额度	0.55	0.032
					C2年度研发经费支出占年收入（实际到款）总额比例	0.45	0.026
		B2科研设施配置	0.42	0.042	C3用于研究开发的科研仪器设备原值总价	0.59	0.025
					C4自持办公和科研场所面积（不含合作场地）	0.41	0.017
A2人才与团队	0.20	B3人才集聚	0.47	0.094	C5具有博士学位或高级职称的高层次人才的数量	0.27	0.025
					C6具有博士学位或高级职称的高层次人才占员工总数的比例	0.21	0.020
					C7在岗工作时间不低于3个月且具有博士学位或高级职称的高层次流动人才（含兼职、访问学者、项目聘用等）的数量	0.17	0.016
					C8在职外籍人才和具有一年以上（含）海外学习或工作经历的人才占在职员工总数的比例	0.14	0.013
					C9在职研发人员占在职员工总数比例	0.21	0.020
		B4人才培养	0.53	0.106	C10获评两院院士的数量	0.28	0.030
					C11获得省级以上（含）人才计划支持的数量	0.25	0.027
					C12主持国家科技重大专项、国家重点研发计划、国家自然科学基金的人次	0.27	0.029
					C13培养博士、博士后的数量（含联合培养）	0.20	0.021

续表

一级指标	组合权重	二级指标	类别权重	整体权重	三级指标	类别权重	整体权重
A3机制与管理	0.20	B5管理运行机制	0.40	0.080	C14实行多元投入机制	0.26	0.021
					C15建立健全外部专家咨询制度（如常设学术委员会）	0.19	0.015
					C16推行灵活自主的科研经费使用管理方式	0.34	0.027
					C17组建专门的成果转化机构（队伍）	0.21	0.017
		B6人才激励机制	0.40	0.080	C18实行市场化薪酬激励机制	0.39	0.031
					C19实行企业化收益分配机制	0.33	0.026
					C20经核准实行职称自主评聘机制	0.28	0.022
		B7开放合作机制	0.20	0.040	C21与世界排名前500名国（境）外知名院校、"双一流"高校、世界500强企业签订战略合作的单位数量	0.39	0.016
					C22与外单位共建实验室、研究中心（所）、工程中心、技术创新中心等省级（含）以上创新联合体的数量	0.41	0.016
					C23建立重大科研基础设施和大型科研仪器设备开放共享机制	0.20	0.008
A4成果与贡献	0.37	B8科研创新成果与贡献	0.66	0.244	C24发表高水平论文的数量	0.12	0.029
					C25获得中国专利奖授奖的专利数量	0.10	0.024
					C26主持（排名第一）或主导（排名前三）制定/修订国际标准、国家标准、行业标准、省级地方标准的数量	0.09	0.022
					C27获得国家级科研项目的数量	0.11	0.027
					C28获得省部级及以上科技奖励的数量（第一完成单位）	0.09	0.022

续表

一级指标	组合权重	二级指标	类别权重	整体权重	三级指标	类别权重	整体权重
A4成果与贡献	0.37	B8科研创新成果与贡献	0.66	0.244	C29独立建立创新平台或分支机构的数量	0.08	0.020
					C30主办中国一级学会A类学会期刊或国际专业学术期刊的数量	0.04	0.010
					C31在高水平国际学术会议和学会一级学会中担任学术要职的数量，中国科学技术协会所属的国家一级学会中担任学术要职的数量	0.03	0.007
					C32在国际三大标准化组织（ISO、IEC、ITU）及其内设、下属各机构中担任重要职的数量	0.03	0.007
					C33在理论原理方面获得同行认可且具有重大影响的新突破新进展	0.11	0.027
		B9产业化成果与贡献	0.34	0.126	C34为产业、企业解决关键核心技术、共性技术难题	0.11	0.027
					C35形成具有自主知识产权的新产品、新工艺或新材料	0.09	0.022
					C36科技成果转化率	0.25	0.031
					C37技术合同成交额	0.15	0.019
					C38建设中试基地的数量	0.09	0.011
					C39孵化高新技术企业的数量	0.18	0.023
					C40孵化/创办企业的总市场估值	0.16	0.020
					C41成果转化的可分配收益	0.17	0.021
A5声誉与影响	0.13	B10机构影响力	0.59	0.077	C42获得社会捐赠的总金额	0.23	0.018
					C43获得国家级权威媒体报道的数量	0.30	0.023

续表

一级指标	组合权重	二级指标	类别权重	整体权重	三级指标	类别权重	整体权重
A5声誉与影响	0.13	B10机构影响力	0.59	0.077	C45在行业协会、产业技术联盟中担任（副）理事长单位、常务理事单位或重要职务的认可度（退出不计）	0.19	0.010
					C44同领域科研机构的认可度	0.28	0.021
		B11社会责任	0.41	0.053	C49参与政府重大工程、专项行动的数量	0.60	0.032
					C47承接政府、企事业单位技术服务或咨询项目的数量	0.40	0.021

表8-18 基础研究型新型研发机构绩效评价指标的权重体系

一级指标	组合权重	二级指标	类别权重	整体权重	三级指标	类别权重	整体权重
A1资源与保障	0.13	B1科研经费投入	0.57	0.074	C1人均研发经费额度	0.53	0.039
					C2年度研发经费支出占年收入（实际到款）总额比例	0.47	0.035
		B2科研设施配置	0.43	0.056	C3用于研究开发的科研仪器设备原值总价	0.64	0.036
					C4自持办公和科研场所面积（不含合作场地）	0.36	0.020
A2人才与团队	0.24	B3人才集聚	0.63	0.151	C5具有博士学位或高级职称的高层次人才的数量	0.30	0.045
					C6具有博士学位或高级职称的高层次人次占员工总数的比例	0.22	0.033
					C7在岗工作时间不低于3个月且具有博士学位或高级职称的高层次流动人才（含兼职、访问学者、项目聘用等）的数量	0.14	0.021

续表

一级指标	组合权重	二级指标	类别权重	整体权重	三级指标	类别权重	整体权重
A2人才与团队	0.24	B3人才集聚	0.63	0.151	C8在职外籍人才和具有一年以上（含）海外学习或工作经历的人才占在职员工总数的比例	0.13	0.020
					C9在职研发人员占在职员工总数比例	0.21	0.032
		B4人才培养	0.37	0.089	C10获评两院院士的数量	0.23	0.020
					C11获得省级以上（含）人才计划支持的数量	0.26	0.023
					C12主持国家重大科技专项、国家重点研发计划、国家自然科学基金的人次	0.36	0.032
					C13培养博士、博士后的数量（含联合培养）	0.15	0.013
A3机制与管理	0.22	B5管理运行机制	0.20	0.044	C14实行多元投入机制	0.32	0.014
					C15建立健全外部专家咨询制度（如常设学术委员会）	0.25	0.011
					C16推行灵活自主的科研经费使用管理方式	0.43	0.019
		B6人才激励机制	0.28	0.062	C17实行绩效工资正常增长机制	0.46	0.028
					C18经核准实行职称自主评聘机制	0.54	0.033
		B7开放合作机制	0.52	0.114	C19与世界排名前500名国（境）外知名院校、"双一流"高校、世界500强企业签订战略合作协议的单位数量	0.41	0.047
					C20与单位外单位共建实验室、研究中心（所）、工程中心、技术创新中心等省级（含）以上创新平台的数量	0.33	0.038
					C21建立重大科研基础设施和大型联合科研仪器设备开放共享机制	0.26	0.030

一级指标	组合权重	二级指标	类别权重	整体权重	三级指标	类别权重	整体权重
A4成果与贡献	0.30	B8科研创新成果与贡献	1	0.300	C22发表高水平论文的数量	0.19	0.057
					C23获得国家级科研项目的数量	0.16	0.048
					C24获得省部级及以上科技奖励的数量（第一完成单位）	0.15	0.045
					C25独立建立创新平台或分支机构的数量	0.08	0.024
					C26主办中国一级学会A类期刊或国际专业学术期刊的数量	0.09	0.027
					C27在高水平国际学术会议和学术期刊、中国科学技术协会所属的国家一级学会中担任学术要职的数量	0.06	0.018
					C28在国际三大标准化组织（ISO、IEC、ITU）及其内设、下属各机构中担任要职的数量	0.03	0.009
					C29在理论原理方面获得同行认可且具有重大影响的新突破新进展	0.24	0.072
A5声誉与影响	0.11	B9机构影响力	0.74	0.081	C30获得社会捐赠的总金额	0.33	0.027
					C31获得国家级权威媒体报道的数量	0.28	0.023
					C32同领域科研机构的认可度	0.39	0.032
		B10社会责任	0.26	0.029	C33参与政府重大工程、专项行动的数量	1	0.029

表8-19 应用研究型新型研发机构绩效评价指标的权重体系

一级指标	组合权重	二级指标	类别权重	整体权重	三级指标	类别权重	整体权重
A1资源与保障	0.10	B1科研经费投入	0.53	0.053	C1人均研发经费额度	0.54	0.029
					C2年度研发经费支出占年收入（实际到款）总额比例	0.46	0.024
		B2科研设施配置	0.47	0.047	C3用于研究开发的科研仪器设备原值总价	0.58	0.027
					C4自持办公和科研场所面积（不含合作场地）	0.42	0.020
A2人才与团队	0.17	B3人才集聚	0.44	0.075	C5具有博士学位或高级职称的高层次人才的数量	0.29	0.022
					C6具有博士学位或高级职称的高层次人才占员工总数的比例	0.32	0.024
					C7在职研发人员占在职员工总数比例	0.39	0.029
					C8获评两院院士的数量	0.27	0.026
		B4人才培养	0.56	0.095	C9获得省级以上（含）人才计划支持的数量	0.31	0.030
					C10主持和承担国家科技重大专项、国家重点研发计划、国家自然科学基金的人次	0.34	0.032
					C11培养博士、博士后的数量（含联合培养）	0.08	0.008
A3机制与管理	0.2	B5管理运行机制	0.26	0.052	C12实行多元投入机制	0.24	0.012
					C13推行灵活自主的科研经费使用管理方式	0.31	0.016
					C14组建专门的成果转化机构（队伍）	0.45	0.023
		B6人才激励机制	0.43	0.086	C15实行市场化薪酬激励机制	0.40	0.034
					C16实行企业化收益分配机制	0.35	0.030
					C17经核准实行职称自主评聘机制	0.25	0.022

续表

一级指标	组合权重	二级指标	类别权重	整体权重	三级指标	类别权重	整体权重
A3机制与管理	0.2	B7开放合作机制	0.31	0.062	C18与世界排名前500名国（境）外知名院校、"双一流"高校、世界500强企业签订战略合作的单位数量	0.38	0.024
					C19与国外单位共建实验室、研究中心（所）、工程中心、技术创新中心（含）以上创新联合体的数量	0.39	0.024
					C20建立重大科研基础设施和大型科研仪器设备开放共享机制	0.23	0.014
		B8科研创新成果与贡献	0.62	0.236	C21发表高水平论文的数量	0.10	0.024
					C22获得中国专利奖授奖的专利数量	0.14	0.033
					C23主持（排名第一）或主导（排名前三）制定/修订国际标准、国家标准、行业标准、省级地方标准的数量	0.13	0.031
					C24获得国家级科研项目的数量	0.09	0.021
					C25获得省部级及以上科技奖励的数量（第一完成单位）	0.1	0.024
					C26独立建立创新平台或分支机构的数量	0.06	0.014
					C27在理论原理方面获得同行认可且具有重大影响的新突破新进展	0.07	0.016
A4成果与贡献	0.38	B9产业化成果与贡献	0.38	0.144	C28为产业、企业解决关键核心技术、共性技术难题	0.17	0.040
					C29形成具有自主知识产权的新产品、新工艺或新材料	0.14	0.033
					C30科技成果转化率	0.35	0.051
					C31技术合同成交额	0.24	0.035
					C32建设中试基地的数量	0.15	0.022
					C33成果转化的可分配收益	0.26	0.038

续表

一级指标	组合权重	二级指标	类别权重	整体权重	三级指标	类别权重	整体权重
A5声誉与影响	0.15	B10机构影响力	0.44	0.066	C34获得社会捐赠的总金额	0.14	0.009
					C35获得国家级权威媒体报道的数量	0.27	0.018
					C36在行业协会、产业技术联盟中担任（副）理事长单位、常务理事单位或重要职务的数量（退出不计）	0.21	0.014
					C37同领域科研机构的认可度	0.38	0.025
		B11社会责任	0.56	0.084	C38参与政府重大工程、专项行动的数量	0.59	0.050
					C39承接政府、企事业单位技术服务或咨询项目的数量	0.41	0.034

表8-20 技术创新与服务型新型研发机构绩效评价指标的权重体系

一级指标	组合权重	二级指标	类别权重	整体权重	三级指标	类别权重	整体权重
A1资源与保障	0.10	B1科研经费投入	0.61	0.061	C1人均研发经费额度	0.44	0.027
					C2年度研发经费支出占年收入（实际到款）总额比例	0.56	0.034
		B2科研设施配置	0.39	0.039	C3用于研究开发的科研仪器设备原值总价	0.53	0.021
					C4自持办公和科研场所面积（不含合作场地）	0.47	0.018
A2人才与团队	0.20	B3人才集聚	0.63	0.126	C5具有博士学位或高级职称的高层次人才占员工总数的比例	0.17	0.021
					C6专业化技术转移专职人员（含初级技术经纪人、中级技术经纪人和高级技术经理人）占员工总数的比例	0.25	0.032

续表

一级指标	组合权重	二级指标	类别权重	整体权重	三级指标	类别权重	整体权重
A2人才与团队	0.20	B3人才集聚	0.63	0.126	C7复合型成果转移转化人才（具备技术开发、法律财务、企业管理、商业谈判等专业能力）占员工总数的比例	0.26	0.033
					C8在职研发人员占在职员工总数比例	0.32	0.040
		B4人才培养	0.37	0.074	C9获得省级以上（含）人才计划支持的数量	0.23	0.017
					C10主持国家科技重大专项、国家重点研发计划、国家自然科学基金的人次	0.19	0.014
					C11培养高级技术经理人的数量	0.30	0.022
					C12培养企业高级经营管理人才的数量	0.28	0.021
A3机制与管理	0.16	B5管理运行机制	0.28	0.045	C13实行多元化投入机制	0.21	0.009
					C14建立健全外部专家咨询制度（如常设学术委员会）	0.18	0.008
					C15推行灵活自主的科研经费使用管理方式	0.27	0.012
					C16组建专门的成果转化机构（队伍）	0.34	0.015
		B6人才激励机制	0.39	0.062	C17实行市场化薪酬激励机制	0.38	0.024
					C18实行企业化收益分配机制	0.36	0.022
					C19经核准实行职称自主评聘机制	0.26	0.016
		B7开放合作机制	0.33	0.053	C20与世界排名前500名国（境）外知名院校、"双一流"高校、世界500强企业签订战略合作的单位数量	0.43	0.023
					C21与id外单位共建实验室、研究中心（所）、工程中心、技术创新中心等省级（含）以上创新联合体的数量	0.57	0.030

续表

一级指标	组合权重	二级指标	类别权重	整体权重	三级指标	类别权重	整体权重
A4成果与贡献	0.39	B8科研创新成果与贡献	0.40	0.156	C22获得中国专利授权的专利数量	0.22	0.034
					C23主持（排名第一）或主导（排名前三）制定/修订国际标准、国家标准、行业标准、省级地方标准的数量	0.20	0.031
					C24独立建立创新平台或分支机构的数量	0.14	0.022
					C25为产业、企业解决关键核心技术、共性技术难题	0.23	0.036
					C26形成具有自主知识产权的新产品、新工艺或新材料	0.21	0.033
		B9产业化成果与贡献	0.60	0.234	C27科技成果转化率	0.21	0.049
					C28技术合同成交额	0.18	0.042
					C29建设中试基地的数量	0.09	0.021
					C30成果转化专项资（基）金的规模	0.07	0.016
					C31孵化高新技术企业的数量	0.14	0.033
					C32孵化/创办企业的总市场估值	0.15	0.035
					C33成果转化的可分配收益	0.16	0.037
A5声誉与影响	0.15	B10机构影响力	0.48	0.072	C34获得国家级权威媒体报道的数量	0.32	0.023
					C35在行业协会、产业技术联盟中担任（副）理事长单位、常务理事单位或重要职务的数量（退出不计）	0.25	0.020
					C36同领域科研机构的认可度	0.43	0.031
		B11社会责任	0.52	0.078	C37参与政府重大工程、专项行动的数量	0.46	0.036
					C38承接政府、企事业单位技术服务或咨询项目的数量	0.54	0.042

261

表8-21 孵化转化型新型研发机构绩效评价指标的权重体系

一级指标	组合权重	二级指标	类别权重	整体权重	三级指标	类别权重	整体权重
A1资源与保障	0.07	B1科研经费投入	0.41	0.029	C1年度研发经费支出占总收入（实际到款）总额比例	1	0.029
		B2科研设施配置	0.59	0.041	C2自持办公和科研场所面积（不含合作场地）	1	0.041
A2人才与团队	0.15	B3人才集聚	0.55	0.083	C3专业化技术转移专职人员（含初级技术经纪人、中级技术经纪人和高级技术经理人）占员工总数的比例	0.47	0.039
					C4复合型成果转移转化人才（具备技术开发、法律财务、企业管理、商业谈判等专业能力）占员工总数的比例	0.53	0.044
		B4人才培养	0.45	0.068	C5培养高级技术经理人的数量	0.51	0.034
					C6培养企业高级经营管理人才的数量	0.49	0.033
A3机制与管理	0.20	B5管理运行机制	0.28	0.056	C7实行多元化投入机制	0.30	0.017
					C8推行灵活自主的科研经费使用管理方式	0.28	0.016
					C9组建专门的成果转化机构（队伍）	0.42	0.024
		B6人才激励机制	0.44	0.088	C10实行市场化薪酬激励机制	0.37	0.033
					C11实行企业化收益分配机制	0.40	0.035
					C12经核准实行职称自主评聘机制	0.23	0.020
		B7开放合作机制	0.28	0.056	C13与世界排名前500名国（境）外知名院校、"双一流"高校、世界500强企业签订战略合作的单位数量	0.48	0.027
					C14与外单位共建实验室、研究中心（所）、工程中心、技术创新中心等省级（含）以上创新联合体的数量	0.52	0.029

续表

一级指标	组合权重	二级指标	类别权重	整体权重	三级指标	类别权重	整体权重
A4成果与贡献	0.44	B8科研创新成果与贡献	0.31	0.136	C15获得中国专利奖授奖的专利数量	0.21	0.029
					C16主持（排名第一）或主导（排名前三）制定/修订国际标准、国家标准、行业标准、省级地方标准的数量	0.12	0.016
					C17独立建立创新平台或分支机构的数量	0.31	0.042
					C18形成具有自主知识产权的新产品、新工艺或新材料	0.36	0.049
		B9产业化成果与贡献	0.69	0.304	C19科技成果转化率	0.19	0.058
					C20技术合同成交额	0.14	0.043
					C21建设中试基地的数量	0.13	0.039
					C22成果转化专项资（基）金的规模	0.10	0.030
					C23孵化高新技术企业的数量	0.15	0.046
					C24孵化/创办企业的总市场估值	0.16	0.049
					C25成果转化的可分配收益	0.13	0.039
A5声誉与影响	0.14	B10机构影响力	0.68	0.095	C26获得国家级权威媒体报道的数量	0.31	0.030
					C27在行业协会、产业技术联盟中担任（副）理事长单位、常务理事单位或重要职务的数量（退出不计）	0.24	0.011
					C28同领域科研机构的认可度	0.45	0.043
		B11社会责任	0.32	0.045	C29承接政府、企事业单位技术服务或咨询项目的数量	1	0.045

四、新型研发机构分类绩效评价指数的合成应用

由于各指标的量纲、数量级、表现形式等彼此不同，无法直接进行加权平均等运算，因而在实际应用中必须对三级指标的数据进行无量纲化处理。

所谓量纲即物理量的表达式，是衡量一个物理量的基本单位，无量纲化可理解为对物理量的单位进行标准化或去格式化，是一种通过数学变换来消除原始变量量纲影响的方法。目前，常见的无量纲化方法有标准化、极值化、均值化、标准差化等，每种方法各有优劣。综合比较来看，极值化方法通过利用变量取值的最大值和最小值将原始数据转换为介于某一特定范围的数据，以此消除量纲和数量级影响。该方法既保留了原始变量在变异程度上的差异，又具备计算原理清晰、操作简便快捷等显著优势，非常适用于指标繁多、数据计量单位多元的新型研发机构绩效评价指数测算。具体公式如下：

$$x_i^* = \frac{x_i - x_{min}}{x_{max} - x_{min}}$$

其中，x_i^* 表示经过标准化处理后的指标结果，x_i 表示具体指标的数值，x_{min} 表示该组指标的最小值，x_{max} 表示该组指标的最大值。经过标准化处理之后，每组指标的得分区间均为：

$$P = \sum_{i=1}^{n} x_i^* \cdot w_i$$

进一步按照上述公式将标准化后的指标合成指数。其中，P 表示新型研发机构绩效评价的最终数值结果，x_i^* 为指标的无量纲化数值，w_i 为与指标 x_i^* 相对应的权重系数，n 为指标的项数。

至此，本书针对综合型、基础研究型、应用研究型、技术创新与服务型、孵化转化型五类新型研发机构，共研制开发形成五套绩效评价指标体系，以期助力新型研发机构相关理论研究与管理评估实践迈入更成体系、更为精准、更加遵循异质性发展规律的新阶段。但与此同时，本套评价指标体系在实际应用中还存在以下两个问题：

一是数据的可获得性和真实性难以保障。因当前新型研发机构共识性评价体系的缺失以及同行竞争意识较强，多数新型研发机构对核心数据采取保护和不公开措施，相关指标数据难以通过公开途径获得，因此该指标体系较适用于上级管理部门对所辖新型研发机构进行评价使用。与此同时，因部分指标数据获取在很大程度上依靠机构自行填报，因此数据真实性难以完全保障。

二是破"五唯"的科学评价机制还需进一步深化。尽管本研究中引入了多元维度评价以及同行评议等多元评价机制，同时将论文、项目等界定在高水平、有重要价值等的约束下，更加强调创新成果的质量，但出于评价机制的可操作性，该评价体系仍以客观数据为主，在如何建立科学有效与可操作性兼顾的面向创新质量和创新效率的评价方式上还需进一步探索。

第四篇

如日方升

新型研发机构的未来展望

第九章

鉴往知来
新型研发机构的发展趋势与对策建议

可以说，新型研发机构的发展历程，在一定程度上折射了我国21世纪以来科技创新的变迁进程。在国家科技管理体制改革的大背景下，新型研发机构逐步展现出特有的优势活力，呈现出规模数量跃升、体量持续增大、创新效率和质量凸显、社会影响力广泛繁荣的发展态势，推动着创新进入又一个"科学的春天"。进入"十四五"新发展时期，新型研发机构的发展面临着新形势、新使命、新任务，也将迎来更大的发展机遇和发展空间。本章基于前述研究，对未来我国新型研发机构的发展进行研判，提出相关建议。

第一节　当前科技创新的新形势和新需求

当前，我国正处于中华民族伟大复兴的战略全局和世界百年未有之大变局"两个大局"的历史交汇期，国内外环境将持续发生深刻变化。世界范围内，我国主导新一轮世界经济增长的机遇和面临更大范围围堵封锁的挑战并存；国内环境下，我国开启了全面建设社会主义现代化国家新征程，向第二个百年奋斗目标持续迈进。面对机遇、挑战和必争目标，科技创新既是"破局利刃"，也将成为取得胜利的"定音之锤"。

（一）国际形势持续复杂演变，形塑国家战略科技力量迫在眉睫

中国共产党第十九届五中全会昭示我国即将迈入全面建设社会主义现代化国家的新发展阶段，要加快构建以国内大循环为主体、国内国际双循环相互促进的新发展格局。新发展格局是根据我国发展阶段、环境、条件变化作出的战略决策。加强自主创新和原始创新，以科技自立自强构筑抵御风险、促进循环的新格局，在全球化格局演变、新冠肺炎疫情带来的不确定性增加等背景下，具有重要意义。新时期，我国坚持把科技创新摆在国家发展全局的核心位置，以前所未有的力度加强国家战略科技力量建设，提升国家创新体系整体效能。新型研发机构作为科技创新体系中富有活力的新生力量，理应在国家战略科技力量中占有一席之地，并以加快实现自主创新、原始创新为己任，探索科技体制改革、综合集成创新的新路径，攻克事关国家核心竞争力和经济社会可持续发展的关键核心技术，不断向科学技术的深度和广度进军，为全局发展赢得更多主动权。

（二）我国现代化建设进入新阶段，依靠科技创新撬动经济发展势在必行

中国共产党第十九届五中全会提出，要坚持创新在我国现代化建设全局中的核心地位。科技创新被上升到前所未有高度，成为我国高质量发展的永恒主题和高水平现代化国家建设的不竭动力。当前，我国经济已由高速增长阶段转向高质量发展阶段，经济社会发展和民生改善比过去任何时期都更加需要科学技术解决方案，科技创新成为下阶段发展的核心引擎。新型研发机构作为科技创新载体中的新生力量，肩负着以改革促创新、探索一条中国特色科技创新之路的重要使命，必须坚持面向世界科技前沿、面向国家重大需求、面向经济主战场、面向人民生命健康，打通从科学到技术、从技术到产业两大关键环节，既要讲成果和效率，也要讲成本和效益，发挥科技对生产力的释放和促进作用，为现代化建设和经济社会高质量发展输送源源不断的创新动能。

（三）科技创新进入"大科学"时代，探索更有效的科研组织模式乃大势所趋

新一轮科技革命和产业变革正加速酝酿，未来三十年全球将进入第六次科技革命的引入期，科技创新范式发生重大变革，数据密集型科学在历经实验科学、理论科学、计算科学之后，成为科学研究的第四种范式。在新的趋势下，多学科动态交叉与技术群发式突破相互叠加，基础研究、技术创新与成果应用高度耦合，重大科学发现和技术突破日益依赖于复杂的大型基础设施和实验设备，重大工程牵引体系化创新和产学研用一体化的特征越来越明显，单纯依靠国家力量主导的科研"战时模式"和以高校为主的"自由模式"均不足以适配技术革命需求。新时期的创新特征需要更加有效的科研组织模式，而新型研发机构在科研组织创新上具有先天优势，有利于探索真正能够打破学科壁垒的科研组织模式和用人机制，不断提升创新质量与效率。

第二节　未来我国新型研发机构的发展趋势

自新型研发机构诞生，到其作为我国科技创新的重要载体遍地开花，新型研发机构已成为我国科研体系中不可或缺、充满生机活力的重要力量。随着科技创新的态势演变和新技术革命对科研组织提出的新要求，新型研发机构能够以其灵活的体制机制和管理模式，对外部环境的变化作出迅捷反应，从而在新一轮创新型国家建设中把握先机、赢得主动，更好地融入国家创新体系，成为新时期国家战略科技的一支重要力量。

（一）新型研发机构将成为未来我国科研机构的普遍形态

新型研发机构经过先期发展，已被公认在多元化投入、人才活力激发、汇聚式创新、灵活性运作等方面具有显著优势，且新型研发机构兼容性强，其创新特征易于移植和借鉴。因此，在新的新型研发机构不断组建的同时，原有的科研机构也在不断向新型研发机构转型。例如众多高校开始同企业共同建设新型研发机构，一批国家科研机构也着手进行改革重组，充分吸收新型研发机构的创新做法与管理模式，在国家战略科技力量的打造上亦是如此。国家实验室、国家科研机构、高水平研究型大学、科技领军企业都是国家战略科技力量的重要组成部分。在近期新布局的国家实验室、重组的国家重点实验室中，有不少实验室采用了新型研发机构的组建形式；而在各省（区、市）积极创建的作为打造国家战略科技力量后备军的100余家省实验室中，几乎全部采用了新型研发机构的组建形式和管理模式。这足以显见，新型研发机构已成为科研创新主体普遍认可和采用的创新形式。在科技体制改革进一步加速走向成熟的未来，新型研发机构或将不再作为科技创新主体的一种类型存在，而是成为我国科研机构的普遍形态。

（二）新型研发机构将成为提高创新链整体效能的黏合剂

当前，我国创新链整体效能存在的主要问题是基础研究、应用研究、技术开发、成果转化与产业化各个环节间存在割裂，且下游创新更多倚赖商业模式创新，从核心技术到产业化的上游创新不足。中国共产党第十九届五中全会强调，打好关键核心技术攻坚战，提高创新链整体效能。新型研发机构以打通科技和市场两个环节为重要创新使命，有可能在弥合创新链割裂、促进创新链整体效能提升中起到关键作用。一方面，新型研发机构更加关注创新全过程，目前已涌现出了一大批综合型科研机构，着重将产业需求与基础研发进行锁定，广泛开展对缩短从基础研究到产业化的链条路径，强化以基础研究引领应用研究、以应用需求倒逼基础研究任务清单的实践探索；另一方面，新型研发机构体量庞大、类型众多，走精细化、专业化发展道路将是大部分新型研发机构未来发展的必然趋势，聚焦于细分领域或是创新链的某几个特定环节，不同类型的机构自我弥合、相互补充、彼此嵌入，将可能成为创新链补链强链、提高创新链整体效能的有效黏合剂。

（三）新型研发机构将成为创新生态系统进化的动力源

长期以来，我国在苏联模式基础上建立起来的科技创新体系在经历系列渐进式变革后，已形成体量庞大而又相对稳定的科研体制，对于长期稳定运行的科研机构创新变革，只能在原有基础上开展继发性和渐进式的改革创新，长期以来难以破除人员只进不出、论资排辈、重数量轻质量、科研效率不高、成果应用性不足等痼疾。新型研发机构的繁荣生长为开展原发性、破坏式的创新提供了契机，新设立的新型研发机构在从零起步的过程中，无论是新团队组建，还是新制度构建，都比传统科研机构遇到更小的阻力，具备更大的创新空间与优势。因而，新型研发机构有条件成为我国科技创新体系中的"鲶鱼"，在科技体制改革的大环境中成为推动创新生态系统进化的动力源。从目前各地新型研发机构的创新实践中，也可以看出新型研发机构在体制机制创新探路试点、带动和推动形成全面创新蓬勃生态上的作用，而这种自下而上的创新探索也有利于推动宏观政策的调节，从而起到以点扩面、推动创新生态系统进化的积极作用。

第三节　促进新型研发机构发展的对策建议

新型研发机构的探索与发展已为我国科技创新体系注入了新的活力，下一步要进一步促进新型研发机构的良性发展，从资源投入向政策引导转变，从粗放发展向精细管理转变，既要避免"一管就死，一放就乱"，也要防止"空壳套取政策优惠"的投机做法，引导新型研发机构建设发展走向有序繁荣。

（一）强化与国家宏观科技管理体系的政策对接

新型研发机构既开创了一条科技创新的独特"赛道"，又必须与既有科技管理体系充分融合，使新型研发机构的创新发展有效嵌入科技创新体系变革进程。

一是加快完善适用新型研发机构的政策体系，在科技立法、科技计划、科技政策制定等环节将新型研发机构纳入政策体系考量，并有针对性地制定系统化的扶持新型研发机构发展的举措。对于发展基础良好、机制创新完善、科研效率突出的综合型新型研发机构，可采取试点、设立"政策特区"等形式，加快培育打造成为国家战略科技力量。

二是加强新型研发机构和国家重点实验室、工程创新中心等现有国家创新主体的衔接协同，并加快新型研发机构、传统科研机构和各类创新平台的协同机制建设，双管齐下推动科技管理体制改革和国家创新体系建设，双线并进推动现有科研机构转制和新型功能主体培育，以新型举国科研体制促进产学研协同创新效率提升，使新型研发机构成为破解经济和科技"两张皮"现象的重要抓手。

三是构建国家层面与省（区、市）各级纵向联动的新型研发机构管理机制，通过"国家统一部署+地方补充建设"的方式培养国家、省

（区、市）、地区多级别的新型研发机构群落。设立国家级新型研发机构服务于国家重大战略，充实国家战略科技力量。鼓励地方基于区域资源禀赋建设特色新型研发机构，服务于区域创新体系建设，促进地方产业升级和区域经济发展。形成中央牵头、地方配合协同引导新型研发机构交流环境，建立机构间常态化沟通渠道和信息互通机制，避免新型研发机构建设可能产生的地方保护主义和创新市场割裂。

（二）探索构建新型研发机构适用的特色评价体系

众多新型研发机构在自我创新中探索了新型的科研与人才评价机制，要发挥和巩固机制创新优势，需要进一步构建有利于新型研发机构创新的绩效评价大环境，发挥好绩效评价的"指挥棒"作用，落实以绩效评价为参考的新型研发机构动态管理机制，对于业绩优良的机构采取多元化奖励方式。

一是营造破"五唯"的评价环境。要在新型研发机构中形成并推广以创新的质量、效率和成果的应用价值为导向的发展模式，科技管理部门需要先建立起适应新型研发机构特征的评价机制。在对新型研发机构进行考核评价时，改变过分看重论文、专利、项目数量、人才帽子等显性指标的传统方式，探索同行评议、学术委员会评议、市场效果评议等新型方式，突出创新质量、创新效率与应用价值，在成果评价上与国际一流科研体系接轨。

二是建立新型研发机构的分类评价机制。新型研发机构性质多样、种类繁多，分类评价有利于贴合机构自身特色，使发展导向更加符合科研规律。例如，对于定位于基础研究的新型研发机构，要赋予更大的科研自主权，设立有利于自由探索、拥有更大容错空间的考核机制，在更长的时间维度上衡量基础研究的贡献和机构建设的发展成效；针对定位于成果转化的服务类新型研发机构，要更多强调市场导向，发挥用户评价的作用，以满足产业需求为目标，以对产业发展的贡献来考核研究成果，以催生新产业和创造社会财富代替传统以论文、专利为绩效的评价方式。

三是完善新型研发机构退出机制。对于在考核评价中发现机构履责不到位、职能运行不健康、业务工作长期不开展、借用新型研发机构外壳套取优惠政策等情形，启动注销、清退等退出机制，制定防止国有资产流失的措施。探索新型研发机构合并等整合机制，促进资源高效整合，避免重复建设与资源浪费。

四是建立新型研发机构创新的容错机制。对于新型研发机构及其主管单位在创新性推动新型研发机构建设的过程中出现的工作失误，在不违反法律禁止性规定、符合国家对科技创新改革方向的情况下，应允许试错、免于负面评价，为开拓性的创新探索解除后顾之忧。

（三）建立健全新型研发机构资源配置与运营机制

有效的运营管理机制和合理的资源配置对提升科研机构创新效率有重要影响。为避免新型研发机构在不断新增、繁荣发展过程中产生管理机制不健全、管理效率低下以及资源配置失衡乃至资源倾轧等问题，需进一步建立健全新型研发机构的资源配置与运营机制。

一是探索建立新型研发机构的专业运营机构。美国对其部分国家实验室采取了国有民营的方式，交由大学或第三方专业机构进行管理运营。随着新型研发机构的增多及市场化运作程度加大，对机构的运营管理提出了较高要求，从机构设立到组建运营团队、建立运行机制并推进核心工作有效开展往往需要较长的周期。探索建立专业的新型研发机构运营机构对新型研发机构进行托管，形成兼顾"成本-收益"的运营机制，将有望解决机构自我管理经验不足的问题，对于建立高效的内部治理体系、拓展信息获取渠道、提升资源集成和共享效率等具有积极意义。

二是有效发挥政府在资源引导和配置中的关键作用。建立依据新型研发机构"生命周期"的动态投入模式，根据机构成长规律在不同发展阶段运用针对性的投入方式。在机构成长初期充分发挥政府资金的事业保障和公益牵引作用，通过财政补贴、政府引导基金投入等方式发挥杠杆撬动作用；在机构成长过程中充分调动社会资本参与新型研发机构发展的积极性，建立针对风投机构的风险补偿机制；探索大企业面向中小企业的资源开放、能力共享等协同机制，建设协同创新公共服务平台，推动以大企业平台化赋能新型研发机构的模式创新。逐步引导形成基础研究长期稳定投入、应用基础研究社会资本共同投入、技术开发自我造血相结合的多元化资源投入模式。

三是强化人才资源的高效配置与人才培养。应对当前高层次科研人才缺口较大、引才竞争日益白热化现象，建立新型研发机构以平台吸引人才、以共享等方式扩大人才资源、以诚信履约机制稳定人才团队、以实践锻炼环节培养人才的工作机制。推广首席科学家"组阁制"、双聘制、访问学者制度等，提升新型研发机构引才竞争力，建立"不求所有，但为所用"的人才资源观；打通高校、企业、科研机构的人才流动壁垒，形成职称、成果、专技等的互认机制，促进人员合理流动；完善建立人才履约诚信体系，保障项目任务周期的人员相对稳定；建立"高校+新型研发机构"的人才联合培养机制，加速"知识+技能+创新"型的科研人才有效供给。

参考文献

[1]   FREEMAN C. Technology policy and economic performance: lessons from Japan[M]. London: Pinter, 1987: 1-5.

[2]   OECD. National innovation systems[R]. Paris: OECD, 1997: 09.

[3]   路甬祥. 对国家创新体系的再思考［J］. 求是，2002（20）：6-8.

[4]   中国科学院"国家创新体系"课题组. 建设我国国家创新体系的基本构想［J］. 世界科技研究与发展，1998（03）：86-88.

[5]   LUNDVALL B A. National Systems of Innovation: Toward a Theory of Innovation and Interactive Learning[J]. The Learning Economy and the Economics of Hope, 2016: 86.

[6]   褚建勋. 国家创新生态系统：多维视野下的创新模式［M］. 北京：中国科学技术大学出版社，2018：20.

[7]   熊彼特，叶华. 经济发展理论［M］. 北京：中国社会科学出版社，2009.

[8]   EDQUIST C. Systems of innovation: technologies, institutions and organizations[M]. London: Psychology Press, 1997: 36.

[9]   钟荣丙. 国家创新体系的系统构成及建设重心［J］. 系统科学学报，2008（03）：59-64.

[10]   王春法. 关于国家创新体系理论的思考［J］. 中国软科学，2003（05）：99-104.

[11]   武一丹. 中国特色国家创新体系研究［D］. 外交学院，2019：22.

[12]   雷小苗，李正风. 国家创新体系结构比较：理论与实践双维视角［J］. 科技进步与对策，2021，38（21）：8-14.

[13]   白春礼. 科技强国建设之路：中国与世界［M］. 北京：科学出版社，2018.

[14]   理查德·R. 尼尔森，曾国屏. 国家（地区）创新体系比较分析［M］. 北京：知识产权出版社，2012：13-17.

[15]   余维新，熊文明，顾新. 关键核心技术领域产学研协同创新障碍及攻关机制［J］. 技术与创新管理，2021，42（2）：8.

[16] 何郁冰. 产学研协同创新的理论模式［J］. 科学学研究，2012，30（2）：10.

[17] 刘锦英. 行动者网络理论：创新网络研究的新视角［J］. 科学管理研究，2013，31（03）：14-17.

[18] 钟书华. 创新集群：概念、特征及理论意义［J］. 科学学研究，2008（01）：178-184.

[19] 王昌森，董文静. 创新驱动发展运行机制及能力提升路径——以"多元主体协同互动"为视角［J］. 企业经济，2021，40（03）：151-160.

[20] 李哲. 大转制：中国科研机构管理体制改革二十年［M］. 北京：人民出版社，2020.

[21] 何郁冰. 产学研协同创新的理论模式［J］. 科学学研究，2012，30（2）：10.

[22] 克里斯蒂娜·查米纳德，本特-艾克·伦德，莎古芙塔·哈尼夫，上海市科学学研究所. 国家创新体系概论［M］. 上海：上海交通大学出版社，2019：59，90.

[23] 刘鑫，穆荣平. 基层首创与央地互动：基于四川省职务科技成果权属政策试点的研究［J］. 中国行政管理，2020（11）：83-91.

[24] Robert D. Atkinson.Understanding the U. S. National Innovation System[EB/OL]. (2020-11-02)[2022-07-19]. https://itif.org/publications/2020/11/02/understanding-us-national-innovation-system-2020.

[25] ROBERT D. Atkinson.Time for a New National Innovation System for Security and Prosperity[EB/OL]. (2021-03-19) [2022-07-19]. https://itif.org/publications/2021/03/19/time-new-national-innovation-system-security-and-prosperity.

[26] UK Innovation Strategy: leading the future by creating it[DB/OL]. (2021-07-22) [2022-08-25]. https://www.gov.uk/government/publications/uk-innovation-strategy-leading-the-future-by-creating-it.

[27] 杨文硕，马娟，Bertram Lohmueller. 德国创新体系对科技服务业高水平建设的启示［J］. 科技中国，2022（01）：28-32.

[28] 陈强. 德国科技创新体系的治理特征及实践启示［J］. 社会科学，2015（08）：14-20.

[29] 茹志涛. 法国公立科研机构协同创新机制的特点与启示［J］. 科技中国，2021（09）：23-26.

[30] 汤世国. 中国的国家创新体系：变革与前景［J］. 中国软科学，1993（01）：33-35.

[31] 石定寰，柳卸林. 建设我国国家创新体系的构想［J］. 中国科技论坛，1998（05）：8-12.

[32] OECD.OECD Reviews of Innovation Policy: China[R]. Paris: OECD. 2008: 381-394.

[33] 刘云，叶选挺，杨芳娟，谭龙，刘文澜. 中国国家创新体系国际化政策概念、分类及演进特征——基于政策文本的量化分析［J］. 管理世界，2014（12）：62-69，78.

[34] 盛四辈，宋伟. 我国国家创新体系构建及演进研究［J］. 科学学与科学技术管理，2011，32（01）：73-77.

[35] 吕薇. 我国创新体系的演进［EB/OL］.（2021-11-06）［2022-07-19］. http://www.aisixiang.com/data/129488.html.

[36] 刘建丽. 百年来中国共产党领导科技攻关的组织模式演化及其制度逻辑［J］. 经济与管理研究，2021，42（10）：3-16.

[37] 薛澜. 中国科技发展与政策：1978～2018［M］. 北京：社会科学文献出版社，2018.

[38] 邓练兵. 中国创新政策变迁的历史逻辑［D］. 华中科技大学，2013：24-25.

[39] 李哲. 从"大胆吸收"到"创新驱动"：中国科技政策的演化［M］. 北京：科学技术文献出版社，2017：252.

[40] 陈劲. 关于构建新型国家创新体系的思考［J］. 中国科学院院刊，2018，33（05）：479-483.

[41] LUNDVALL B Å. National innovation systems and globalization[J]. The Learning Economy and the Economics of Hope, 2016: 351. https://library.oapen.org/bitstream/handle/20.500.12657/31613/626406.pdf?seluence=1#page=102.

[42] 王春法. 论综合国力竞争与国家创新体系［J］. 世界经济，1999（04）：59-64.

[43] 李哲，苏楠. 社会主义市场经济条件下科技创新的新型举国体制研究［J］. 中国科技论坛，2014（02）：5-10.

[44] 沈律. 小科学，大科学，超大科学——对科技发展三大模式及其增长规律的比较分析［J］. 中国科技论坛，2021（6）：12.

[45] 陈劲，吴欣桐. 大国创新［M］. 北京：中国人民大学出版社，2021：120-122.

[46] 谢绚丽，陈春花等. 协同创新：理论、模式与系统［M］. 北京：北京大学出版社，2021：192.

[47] 孙夕龙. 在新一轮科技革命和产业变革中发展战略性新兴产业［N］. 光明日报，2020-09-27（06）.

[48] 刘开强，高亮，王峰. 国家和区域实验室的建设过程中高校的深度融合［J］. 实验室研究与探索，2022，41（01）：153-157，168.

[49] 杨忠泰. 区域创新体系与国家创新体系的关系及其建设原则［J］. 中国科技论坛，2006（05）：42-46.

[50] 张永凯. 改革开放40年中国科技政策演变分析［J］. 中国科技论坛，2019（04）：1-7.

[51] 陈喜乐，曾海燕. 新型科研机构发展模式及对策研究［M］. 厦门：厦门大学出版社，2016：21-28.

[52] 吴晓波，吴东. 论创新链的系统演化及其政策含义［J］. 自然辩证法研究，2008，24（12）：58-62.

[53] 本刊特约评论员. 而今迈步从头越——实现从科技追赶到引领的跨越. 中国科学院院刊，2019，34（02）：133-134.

[54] 为高水平科技创新提供有力支撑——专访中国科学院副院长高鸿钧.（2022-03-18）. https://www.cas.cn/zjs/202203/t20220318_4828566.shtml.

[55] 林强，姜彦福，王德保，等. 科技创新孵化器的管理模式研究——以深圳清华大学研究院为例［J］. 科学学与科学技术管理，2003（08）：16-21.

[56] 李栋亮. 广东新型研发机构发展模式与特征探解［J］. 广东科技，

2014，23（23）：77-80.

[57] 谈力，陈宇山. 广东新型研发机构的建设模式研究及建议［J］. 科技管理研究，2015，35（20）：45-49.

[58] 代明，张晓鹏. 新经济下的制度创新及其对珠三角改革发展的启示［J］. 广东工业大学学报（社会科学版），2009，9（05）：1-5.

[59] 刘彤，郭鲁刚，时艳琴. 以新型科研机构为导向的科研院所创新发展评价指标体系研究［J］. 科技管理研究，2014，34（01）：91-95.

[60] 沈超，郑霞. 新型研发机构助力广东创新驱动发展［J］. 广东科技，2015，24（10）：24-27.

[61] 章熙春，江海，章文，等. 国内外新型研发机构的比较与研究［J］. 科技管理研究，2017，37（19）：103-109.

[62] 章芬，原长弘，郭建路. 新型研发机构中产学研深度融合——体制机制创新的密码［J］. 科研管理，2021，42（11）：43-53.

[63] 陈少毅，吴红斌. 创新驱动战略下新型研发机构发展的问题及对策［J］. 宏观经济管理，2018（06）：43-49.

[64] 陈雪，叶超贤. 院校与政府共建型新型研发机构发展现状与问题分析［J］. 科技管理研究，2018，38（07）：120-125.

[65] 周丽. 高校新型研发机构"四不像"运行机制研究［J］. 技术经济与管理研究，2016（07）：39-43.

[66] 谭舒海. 基于创新价值链视角的新型研发机构组织模式分类研究［D］. 广东工业大学，2018.

[67] 乔传福，崔占峰，王来武. 现代科研院所制度的内涵与外延［J］. 烟台大学学报（哲学社会科学版），2009，22（03）：66-71.

[68] 冯玉明，罗瑞琦，周翊娴，等. 科技进步对中美经济增长贡献率的比较［J］. 考试周刊，2015（65）：191-193.

[69] 新型研发机构发展报告编写组. 新型研发机构发展报告2020［M］. 北京：科学技术文献出版社，2021：9-10，15.

[70] 汪棹柽. 广东多家省级新型研发机构资格被撤［EB/OL］.（2021-03-18）［2022-05-07］. https://economy.southcn.com/node_550560ee2a/eb21a69fc1.shtml.

[71] HANESEN, S. O. and WAKONEN, J. Innovation, a winning solution？[J].

International Journal of Technology Management, 1997, 13, 345-358.

[72] 陈文化，彭福扬. 关于创新理论和技术创新的思考［J］. 自然辩证法研究，1998（06）：38-42，47.

[73] AMABILE, T. M. How to kill creativity[J]. Harvard Business Review, 1998, 76(5): 76.

[74] 李国军，王重鸣. 组织创新的研究进展［J］. 心理科学，2006（05）：1240-1242.

[75] CHESBROUGH, H. Open Innovation: The New Imperative for Creating and Profiting from Technology[M]. Boston, MA: Harvard Business School Press. 2003: 222.

[76] CHIARONI D, CHIESA V, FRATTINI F. The open innovation journey: How firms dynamically implement the emerging innovation management paradigm[J]. Technovation, 2011, 31(1): 34-43.

[77] 张永成，郝冬冬，王希. 国外开放式创新理论研究11年：回顾、评述与展望［J］. 科学学与科学技术管理，2015，36（03）：13-22.

[78] LAURSEN K, SALTER A.Open for innovation: the role of openness in explaininginnovation performance among UK manufacturing firms[J]. Strategic Management Journal, 2006, 27(2): 131-150.

[79] LICHTENTHALER U. Outbound open innovation and its effect on firm performance: examining environmental influences[J]. R&D Management，2009, 39(4): 317-330.

[80] CROSSAN M M, APAYDIN M.A Multi-Dimensional Framework of Organizational Innovation: A Systematic Review of the Literature[J]. Journal of management studies, 2010, 47(6): 1154-1191.

[81] OWEN R, MACNAGHTEN P, STILGOE J.Responsible Research and Innovation: From Science in Society to Science for Society, with Society[J]. Science and Public Policy, 2012, 39(6): 751-760.

[82] 梅亮，陈劲. 责任式创新：源起、归因解析与理论框架［J］. 管理世界，2015（08）：39-57.

[83] SCHOMBERG R V. A Vision of Responsible Research and Innovation[M]. Responsible Innovation: Managing the Responsible Emergence of Science

and Innovation in Society, 2013, 51-74.

[84] 张艳菊. 大数据时代情报研究的责任担当风险与责任式创新框架 ［J］. 情报理论与实践，2017，40（03）：9-13，19.

[85] ADAMS R, BESSANT J, PHELPS R.Innovation management measurement: a review[J]. International Journal of Management Reviews, 2006, 8: 21-47.

[86] DESS G G, PICKEN J C.Changing roles: leadership in the 21st century[J]. Organizational Dynamics, 2000, 28(3):18-34.

[87] CAP J P, BLAICH E, KOJL H, et al.Multi level network management–a method for managing inter-organizational innovation networks[J]. Journal of Engineering and Technology Management, 2019, 51: 21-32.

[88] SOOMRO B A, MANGI S, SHAH N.Strategic factors and significance of organizational innovation and organizational learning in organizational performance[J]. European Journal of Innovation Management, ahead-of-print, 2020.

[89] 郭霖，帕德瑞夏·弗莱明. 企业家信任水平、组织结构与企业成长——中国中小高科技企业的一个实证分析 ［J］. 厦门大学学报（哲学社会科学版），2005（01）：103-110.

[90] 李忆，司有和. 组织结构、创新与企业绩效：环境的调节作用 ［J］. 管理工程学报，2009，23（04）：20-26.

[91] 杨晶照，陈勇星，马洪旗. 组织结构对员工创新行为的影响：基于角色认同理论的视角 ［J］. 科技进步与对策，2012，29（09）：129-134.

[92] 张光磊，刘善仕，申红艳. 组织结构、知识转移渠道与研发团队创新绩效——基于高新技术企业的实证研究 ［J］. 科学学研究，2011，29（08）：1198-1206.

[93] 张光磊，刘善仕，彭娟. 组织结构、知识吸收能力与研发团队创新绩效：一个跨层次的检验 ［J］. 研究与发展管理，2012，24（02）：19-27.

[94] 齐旭高，齐二石，周斌. 组织结构特征对产品创新团队绩效的跨层次影响——基于中国制造企业的实证研究 ［J］. 科学学与科学技术

管理，2013，34（03）：162-169.

[95] 陈建军，王正沛，李国鑫. 中国宇航企业组织结构与创新绩效：动态能力和创新氛围的中介效应［J］. 中国软科学，2018（11）：122-130.

[96] 许晖，李文. 高科技企业组织学习与双元创新关系实证研究［J］. 管理科学，2013，26（04）：35-45.

[97] ARGOTE L, HORA M. Organizational Learning and Management of Technology[J]. Production & Operations Management, 2017, 26(4): 579-590.

[98] 谢洪明，刘常勇，陈春辉. 市场导向与组织绩效的关系：组织学习与创新的影响——珠三角地区企业的实证研究［J］. 管理世界，2006（02）：80-94，143，171-172.

[99] NORUZY A, DALFARD V M, AZHDARI B, et al.Relations between transformational leadership，organizational learning，knowledge management, organizational innovation, and organizational performance: an empirical investigation of manufacturing firms[J]. International Journal of Advanced Manufacturing Technology, 2013, 64(5-8): 1073-1085.

[100] 谢洪明，王成，罗惠玲，等. 学习、知识整合与创新的关系研究［J］. 南开管理评论，2007（02）：105-112.

[101] 简兆权，吴隆增，黄静. 吸收能力、知识整合对组织创新和组织绩效的影响研究［J］. 科研管理，2008（01）：80-86，96.

[102] TRIPSAS M, GAVETTI G. Capabilities, Cognition and Inertia: evidence from Digital Imaging[J]. Strategic Management Journal, 2000, 21: 1147-1161.

[103] PARé G, TREMBLAY M.The influence of high-involvement human resources practices, procedural justice, organizational commitment, and citizenship behaviors on information technology professional's turnover intentions[J]. Group & Organization Management, 2007, 32: 326-357.

[104] 阎海峰，陈灵燕. 承诺型人力资源管理实践、知识分享和组织创新的关系研究［J］. 南开管理评论，2010，13（05）：92-98，106.

[105] CEYLAN C. Commitment-based HR practices, different types of innovation

activities and firm innovation performance[J]. The International Journal of Human Resource Management, 2013, 24: 208-226.

[106] CHADWICK C, SUPER J F, KWON K.Resource orchestration in practice: CEO emphasis on SHRM, commitment-based HR systems, and firm performance[J]. Strategic Management Journal, 2015, 36(3): 360-376.

[107] KO Y J, MA L.Forming a firm innovation strategy through commitment-based human resource management[J]. International Journal of Human Resource Management, 2019, 30(12): 1931-1955.

[108] 孙锐，李树文，顾琴轩. 双元环境下战略人力资源管理影响组织创新的中介机制：企业生命周期视角［J］. 南开管理评论，2018，21（05）：176-187.

[109] NOE R A. Human Resource Management: Gaining a Competitive Advantage[M]. McGraw-Hill Irwin, 2003.

[110] 赵曙明. 人力资源管理理论研究现状分析［J］. 外国经济与管理，2005（01）：15-20，26.

[111] Youndt M A, SNELL S A, DEAN J W, et al.Human resource management, manufacturing strategy, and firm performance[J]. Academy of Management Journal, 1996(4): 836-860.

[112] 唐贵瑶，陈扬，于冰洁，等. 战略人力资源管理与新产品开发绩效的关系研究［J］. 科研管理，2016，37（11）：98-106.

[113] 孙锐，李树文. 研发型企业战略人力资源管理举措对产品创新的作用：外部平衡式环境的影响［J］. 科学学与科学技术管理，2019，40（10）：70-83.

[114] FIERAS A, TARIK A. The Effect of Strategic Human Resource and Knowledge Management on Sustainable Competitive Advantages at Jordanian Universities: The Mediating Role of Organizational Innovation[J]. Sustainability, 2021, 13(15): 8445.

[115] PATTERSON M G, WEST M A, SHACKLETON V J, et al.Validating the organizational climate measure: links to managerial practices, productivity and innovation[J]. Journal of Organizational Behavior, 2005, 26(4): 379.

[116] 孙锐，石金涛，王庆燕. 基于提升企业创新能力的组织创新气氛研究分析与展望［J］. 科学学与科学技术管理，2007（04）：71-74.

[117] EKAVLL G. Organizational Climate for Creativity and Innovation[J]. European Journal of Work and Organizational Psychology. 1996, 5: 105-123.

[118] MCLEAN L D. Organizational culture's influence on creativity and innovation: a review of the literature and implications for human resource development[J]. Advances in Developing Human Resources, 2005, 7(3): 226-246.

[119] SHANKER R, BHANUGOPAN R, BEATRICE I J M, et al. Organizational climate for innovation and organizational performance: The mediating effect of innovative work behavior[J]. Journal of Vocational Behavior, 2017, 100: 67-77.

[120] 王辉，常阳. 组织创新氛围、工作动机对员工创新行为的影响［J］. 管理科学，2017，30（03）：51-62.

[121] 贾建锋，李会霞，刘志，等. 组织创新氛围对员工突破式创新的影响［J］. 科技进步与对策，2022，39（03）：145-152.

[122] 张卓，张福君. 组织创新氛围对企业新产品绩效的影响：信任的调节效应［J］. 科技管理研究，2021，41（07）：102-109.

[123] 曹科岩，窦志铭. 组织创新氛围、知识分享与员工创新行为的跨层次研究［J］. 科研管理，2015，36（12）：83-91.

[124] 郑建君，金盛华，马国义. 组织创新气氛的测量及其在员工创新能力与创新绩效关系中的调节效应［J］. 心理学报，2009，41（12）：1203-1214.

[125] BURN J M. Leadership[M]. New York: Harper & Row, 1978: 19.

[126] 陈淑妮，卢定宝，陈贵壹. 不同领导行为对组织创新的影响：沟通满意度和心理授权的中介效应［J］. 科技管理研究，2012，32（18）：135-140.

[127] 陈晨，时勘，陆佳芳. 变革型领导与创新行为：一个被调节的中介作用模型［J］. 管理科学，2015，28（04）：11-22.

[128] NEMBHARD I M, EDMONDSON A C. Making it safe: The effects of

leader inclusiveness and professional status on psychological safety and improvement efforts in health care teams[J]. Journal of Organizational Behavior, 2006, 27: 941-966.

[129] 苏屹，周文璐，崔明明，等. 共享授权型领导对员工创新行为的影响：内部人身份感知的中介作用［J］. 管理工程学报，2018，32（02）：17-26.

[130] CO X J F, PEARCE C L, PERRY M L. Toward a model of shared leadership and distributed influence in the innovation process: How shared leadership can enhance new product development team dynamics and effectiveness[J]. In Shared Leadership: Reframing the Hows and Whys of Leadership, 2003: 48-76.

[131] 方阳春，陈超颖. 包容型领导风格对新时代员工创新行为的影响［J］. 科研管理，2017，38（S1）：7-13.

[132] 赵忠君，蒋东梅. 高新技术企业组织创新支持感对员工创新行为的影响研究——以人-组织匹配为调节［J］. 湖南财政经济学院学报，2018，34（02）：54-61.

[133] 顾远东，周文莉，彭纪生. 组织创新支持感与员工创新行为：多重认同的中介作用［J］. 科技管理研究，2016，36（16）：129-136.

[134] 许慧，郭玉斌，暴丽艳. 组织创新支持对科研人员创新行为的影响——基于创新自我效能感、知识共享的链式中介效应［J］. 科技管理研究，2021，41（08）：124-131.

[135] 张永安，闫瑾. 技术创新政策对企业创新绩效影响研究——基于政策文本分析［J］. 科技进步与对策，2016，33（01）：108-113.

[136] 范云鹏. 创新政策对大众创业万众创新影响的实证分析：以山西省为例［J］. 经济问题，2016（9）：87-92.

[137] 施丽芳，廖飞. 创新政策的不确定管理效应与创业企业创新行为研究［J］. 中国行政管理，2017（02）：113-117.

[138] 韦晓英，陈传明，刘云，李菲菲. 适应开放式创新的企业组织结构变革研究——基于组织结构化功能类型的三个维度分析［J］. 科技管理研究，2020，40（05）：113-120.

[139] 米银俊，刁嘉程，罗嘉文. 多主体参与新型研发机构开放式创新研

究：战略生态位管理视角［J］. 科技管理研究，2019，39（15）：22-28.

[140] 朱世强. 新型研发机构要实现1+1+1＞3［EB/OL］.（2021-09-22）［2022-07-26］. 之江实验室主任朱世强：新型研发机构要实现1+1+1＞3-新华网（news.cn）.

[141] 龙海波. 全球科技创新趋势的研判与应对［N/OL］. 经济日报，（2021-01-22）［2022-05-09］. http://paper.ce.cn/jjrb/html/2021-01/22/node_11.htm.

[142] 吴月辉. 科技体制改革激发创新潜力［N/OL］. 人民日报，（2022-03-24）［2022-05-09］. http://gs.people.com.cn/n2/2022/0324/c183342-35189213.html.

[143] 韦永诚，杨丽娟，陈元辉. 国内外重点科研机构的现状与发展态势［J］. 世界科技研究与发展，2001（01）：92-99.

[144] 何洁，郑英姿. 美国能源部国家实验室的管理对我国高校建设国家实验室的启示［J］. 科技管理研究，2012，32（03）：68-72.

[145] 李昊，徐源. 国家使命：美国国家实验室科技创新［M］. 北京：清华大学出版社，2021.

[146] 美国国家实验室的发展及其体制机制简析［EB/OL］.（2018-05-21）［2022-05-09］. https://www.mayiwenku.com/p-3886262.html.

[147] 王鹏. 美国能源部国家实验室研究定位及协同创新研究［J］. 全球科技经济瞭望，2020，35（05）：35-42.

[148] 赵俊杰. 美国能源部国家实验室的管理机制［J］. 全球科技经济瞭望，2013，28（07）：32-36.

[149] 李强，李晓轩. 美国能源部联邦实验室的绩效管理与启示［J］. 中国科学院院刊，2008（05）：431-437.

[150] 卫之奇. 美国能源部国家实验室绩效评估体系浅探［J］. 全球科技经济瞭望，2008（01）：35-40.

[151] 创新创业：德国弗劳恩霍夫协会——制度卓越的应用型科研机构［EB/OL］.（2019-08-16）［2022-05-09］. https://mp.weixin.11.com/s/3ikuORr27KEM2gJ-MLbAPQ.

[152] 刘强. 德国弗朗霍夫协会企业化运作模式［J］. 德国研究，2002

（01）：62-65.

[153] 陈雨晗，马雪荣. 弗劳恩霍夫模式对江苏构建高质量技术转移体系的启示［J］. 江苏科技信息，2021，38（31）：4-7.

[154] 杨雅南. 高端创新：来自英国弹射创新中心的实践与启示［J］. 全球科技经济瞭望，2017，32（06）：25-37.

[155] 任海峰. 借鉴英国"弹射中心"，推进我国制造业创新体系建设［J］. 产业创新研究，2017（02）：41-45.

[156] 构建有利于科技经济融合的创新组织——案例19：英国弹射中心UK Catapult Centers［EB/OL］.（2020-08-24）［2022-05-09］. https://www.ciste.org.cn/index.php?m＝content&c＝index&a＝show&catid＝98&id＝1281.

[157] 刘娅. 英国国家战略科技力量运行机制研究［J］. 全球科技经济瞭望，2019，34（02）：40-49.

[158] 包云岗. 面向国民经济主战场的科研模式探索［J］. 中国科学院院刊，2017，32（01）：91-95.

[159] 李忠华，何礼洋. 完善我国科技创新体系的国内外经验借鉴［J］. 经济研究导刊，2021（22）：4-6.

[160] 张毅荣，刘晶，樊海旭. 综述：德国政府大力推动颠覆性创新［EB/OL］.（2018-09-03）［2022-05-09］. http://www.xinhuanet.com/world/2018-09/03/c_1123371725.htm.

[161] 刘娅. 英国新型研发机构建设研究［J］. 全球科技经济瞭望，2020，35（11）：11-19.

[162] 张宇，金纬. 如何破解科研机构评估难题——荷兰科研机构战略评估协议的启示［J］. 竞争情报，2022，18（01）：38-45.

[163] 张义芳. 美、英、德、日国立科研机构绩效评估制度探析［J］. 科技管理研究，2018，38（22）：25-30.

[164] 郑淑俊. 技术与人才并举 打造特色创新之路——中国科学院深圳先进技术研究院建设探析［J］. 广东科技，2012，21（10）：34-36.

[165] 俞锋华. 江苏省产业技术研究院体制机制创新及对浙江省的启示［J］. 今日科技，2021（09）：27-29.

[166] 朱启贵. 以体制机制创新驱动科技创新［J］. 人民论坛·学术前沿，

2011（12）：7-8.

[167] 毛强. 根治阻碍科技创新的体制痼疾［N/OL］. 学习时报，（2016-02-18）［2016-02-18］. http://paper.cntheory.com/html/2016-02/18/nw.D110000xxsb_20160218_2-A1.htm.

[168] 尹宏. 构建高能级创新平台体系 打造科技创新策源引擎［N/OL］. 成都日报，（2021-08-04）［2022-05-10］. http://www.cdrb.com.cn/epaper/cdrbpc/202108/04/c84539.html.

[169] 孙长高，刘孟德，袭著燕. 产学研协同创新全链条服务体系构建——基于地方综合科研机构的视角［J］. 科学与管理，2018，38（03）：13-20.

[170] 李晔. 促进创新链与产业链融合（新论）［N/OL］. 人民日报，（2021-10-26）［2022-05-09］. http://yn.people.com.cn/n2/2021/1026/c372441-34974137.html.

[171] 新型研发机构发展报告2020编写组. 新型研发机构发展报告［M］. 北京：科学技术文献出版社，2021.

[172] 金学慧，杨海丽，叶浅草. 我国新型研发机构现状、困境及对策建议［J］. 科技智囊，2020（03）：20-23.

[173] 钱学森. 论系统工程［M］. 长沙：湖南科学技术出版社，1988：10.

[174] 戴瑞克·希金斯，朱一凡. 系统工程：21世纪的系统方法论［M］. 北京：电子工业出版社，2017：62，103.

[175] 杰拉尔德·温伯格，温伯格，张佐. 系统化思维导论［M］. 北京：清华大学出版社，2003：15.

[176] 吕洁. 系统论思维路径：对该公司经营管理者的监督机制分析［M］. 北京：法律出版社，2019：165.

[177] 德内拉·梅多斯，邱昭良. 系统之美：决策者的系统思考［M］. 杭州：浙江人民出版社，2012：2，19，23，105-106，113.

[178] 孙东川，林福永，孙凯. 系统工程引论［M］. 北京：清华大学出版社，2014：20-21，123-134，144-155.

[179] 曾国屏. 论系统自组织演化过程［J］. 系统辩证学学报，1998（01）：13-17，26.

[180] 法格伯格，戴维·莫利，理查德·纳尔逊. 牛津创新手册［M］. 北

京：知识产权出版社，2009：16-17.

[181] 中国科协调研宣传部. 科技人才与创新生态发展报告［M］. 北京：中国科学技术出版社，2021：63.

[182] 李柏洲，董恒敏，周森. 区域创新系统中科研院所作用机理与管理政策研究［M］. 哈尔滨：黑龙江人民出版社，2020：142.

[183] 罗月领，高希杰，何万篷. 上海建设全球科技创新中心体制机制问题研究［J］. 科技进步与对策，2015，32（18）：28-33.

[184] 刘则渊，陈悦. 新巴斯德象限：高科技政策的新范式［J］. 管理学报，2007（03）：346-353.

[185] 陈红喜，姜春，袁瑜，等. 基于新巴斯德象限的新型研发机构科技成果转移转化模式研究——以江苏省产业技术研究院为例［J］. 科技进步与对策，2018，35（11）：36-45.

[186] 陈红喜，姜春，罗利华，等. 新型研发机构成果转化扩散绩效评价体系设计［J］. 情报杂志，2018，37（08）：162-171，113.

[187] LE X UTT E. Different roads to servitization success–A configurational analysis of financial and non-financial service performance-ScienceDirect[J]. Industrial Marketing Management, 2020, 84: 105-125.

[188] 彭永涛，侯彦超，罗建强，等. 基于TOE框架的装备制造业与现代服务业融合组态研究［J］. 管理学报，2022，19（03）：333-341.

[189] 张玉磊，张光宇，马文聪，等. 什么样的新型研发机构更具有高创新绩效？——基于TOE框架的组态分析［J］. 科学学研究，2022，40（04）：758-768.

[190] 周治，熊哲超，董维亮，等. 南京新型研发机构投入产出绩效评价实证研究——基于南京市几百家新型研发机构的数据［J］. 中国科技论坛，2021（11）：31-39.

[191] 孙逊. 江苏新型研发机构绩效评价体系研究及建设发展建议［J］. 科技与经济，2021，34（01）：16-20.

[192] 郭百涛，王帅斌，王冀宁，等. 基于网络层次分析的新型研发机构共建绩效评价体系研究［J］. 科技管理研究，2020，40（10）：72-79.

[193] 王炳成. 企业生命周期研究述评［J］. 技术经济与管理研究，2011

（04）：52-55.

[194] HUTCHINSON G E. Concluding Remarks, Cold Spring Harbor Symposia on Quantitative Biology[J]. Quant Biol, 1957, 22: 415-427.

[195] 朱春全. 生态位态势理论与扩充假说［J］. 生态学报，1997（03）：324-332.

[196] 万伦来. 企业生态位及其评价方法研究［J］. 中国软科学，2004（01）：73-78.

[197] 张光宇，刘苏，刘贻新，等. 新型研发机构核心能力评价：生态位态势视角［J］. 科技进步与对策，2021，38（08）：136-144.

[198] 颜爱民. 企业生态位评价指标及模型构建研究［J］. 科技进步与对策，2007（07）：156-160.

[199] 郭妍，徐向艺. 企业生态位研究综述：概念、测度及战略运用［J］. 产业经济评论，2009，8（02）：105-119.

[200] 陈少毅，吴红斌. 创新驱动战略下新型研发机构发展的问题及对策［J］. 宏观经济管理，2018（06）：43-49.

[201] GRINNELL J. The niche-relationships of the California thrasher[J]. THE Auk, 1917, 34: 427-433.

[202] 张光明，谢寿昌. 生态位概念演变与展望［J］. 生态学杂志，1997（06）：47-52.

[203] 纪秋颖，林健. 基于生态位理论的高校核心能力评价方法研究［J］. 中国软科学，2006（09）：145-150.

[204] 林甦，任泽平. 模糊德尔菲法及其应用［J］. 中国科技论坛，2009（05）：102-103，122.

[205] 彭国甫，李树丞，盛明科. 应用层次分析法确定政府绩效评估指标权重研究［J］. 中国软科学，2004（06）：136-139.

后记

之江实验室是浙江省委、省政府深入实施创新驱动发展战略的重大科技创新平台，自成立以来，始终坚持体制机制创新与科技创新双轮驱动，积极探索，形成了科技创新新型举国体制的独特模式。目前，之江实验室已经跻身国内新型研发机构的第一梯队，成为发展势头迅猛的后起之秀。

不到五年时间，实验室在"以体制机制创新推动前沿基础研究和重大科技创新，打造国家战略科技力量"使命的引领下，集聚一批海内外高层次人才，参与多项国家战略科技攻关任务，取得了诸多具有突破性、引领性和代表性的重大成果。如解决量子惯性导航"硬骨头"问题的超灵敏测量装置、打破谷歌"量子霸权"的智能超算模拟器、能效提高20倍的完全自主知识产权存算一体芯片、填补国内空白的高通量光学纳米光刻与成像装置等。以仿生深海软体机器人为代表的一系列突破性科研成果登上《自然》《科学》等顶级期刊；多项成果斩获省级科学技术奖；科研成果连续2年入选世界互联网领先科技成果榜单；主导制定并发布首个国际标准"隐私保护机器学习技术框架"。同时，着力打造"国之重器"撬动重大科学发现，推进建设了智能计算数字反应堆、新一代工业控制系统信息安全大型实验装置、多维智能感知中枢等重大科技基础设施，开放共享微纳加工平台、材料实验平台、声学实验室等一批科研平台和专业实验室，形成了智能计算领域的体系性优势。

在2017年9月6日之江实验室的成立大会上，浙江省委书记袁家军（时任浙江省省长）提出，实验室"要以无我境界，打造国家战略科技力量"。四年多来，实验室坚持将"无我境界"外化于行，在努力提升自身内力和战斗力的同时，也心系新型研发机构的整体发展和外部创新生态建设，并据此开展了多项理论研究和实践探索。本书正是实验室自设课题"中国新型研发机构发展与评价研究（101000-AK2101）"的阶段性成果。本书从历史演进视角全面梳理了新型研发机构从萌芽、诞生、成长到成熟的过程，对新型研发机构的内涵定位、创新路径做出系统阐释，并立足之江实验室的探索经验，结合组织绩效评价的相关理论方法，构建出新型研发机构的分类绩效评价模型、评价指标体系及指数，在此基础上进一步对新型研发机构的发展趋势做出研判，提出应对的措施和建议。

本书编写组成员主要来自之江实验室综合管理部发展研究中心，覆盖管理学、经济学、政治学等多个学科。其中，第一章和第六章由李婷婷主笔撰写，第二章由魏阙主笔撰写，第三章由张弛主笔撰写，第四章、第七章和第八章由金铭主笔撰写，第五章由吴娇主笔撰写，第九章由孙韶阳主笔撰写。全书由孙韶阳和金铭统稿，陈伟和刘文献校审，朱世强审定。

之江实验室在科研组织方式、人才工作机制、管理运行机制等方面的创新探索为本书提供了丰富的素材和案例。在写作过程中，来自浙江大学、中国科学院大学、中国科学技术发展战略研究院、浙江工业大学、西南交通大学、北京化工大学、浙江省科技信息研究院、吉林省科学技术信息研究所、之江实验室等高校和科研院所的专家学者为本书开发的新型研发机构分类绩效评价指标体系及指数提出了宝贵的修改意见和建议，在此表示衷心的感谢。

本书试图以之江实验室的发展经验为基础，对新型研发机构的科学评价做出有益探索。我们深知目前的指标体系及指数在可操作性和推广性上还尚存不足，真诚期待本书对新型研发机构绩效评价的观察与思考能够得到各界专家更多指点，未来我们将持续对指标体系进行修正迭代，以期为新型研发机构绩效评价提供更加科学的理论指导。书中若有错谬或不妥之处，敬请批评指正！

本书编写组